上天入地小伙伴

[英]阿拉贝拉·巴克利 ◎ 著

陈曦 夏星 ◎ 译

野外小伙伴 天空小伙伴

世界经典少儿科普读物

了解大自然的情感化读本

暨南大学出版社
JINAN UNIVERSITY PRESS

中国·广州

图书在版编目（CIP）数据

上天入地小伙伴/（英）阿拉贝拉·巴克利（Buckley A. B.）著；陈曦，夏星译. —广州：暨南大学出版社，2013. 12
（奇趣大自然）
ISBN 978 -7 -5668 -0864 -6

Ⅰ. ①上… Ⅱ. ①阿… ②陈… ③夏… Ⅲ. ①自然科学—青年读物②自然科学—少年读物 Ⅳ. ①N49

中国版本图书馆 CIP 数据核字(2013)第 275011 号

出版发行：暨南大学出版社

地　址：中国广州暨南大学
电　话：总编室（8620）85221601
　　　　营销部（8620）85225284　85228291　85228292（邮购）
传　真：（8620）85221583（办公室）　85223774（营销部）
邮　编：510630
网　址：http：//www. jnupress. com　http：//press. jnu. edu. cn

排　版：广州市天河星辰文化发展部照排中心
印　刷：佛山市浩文彩色印刷有限公司

开　本：787mm×960mm　1/16
印　张：7
字　数：77 千
版　次：2013 年 12 月第 1 版
印　次：2013 年 12 月第 1 次

定　价：16. 80 元

序

我们三个小伙伴——彼得、佩姬和保罗——天天一同走路去上学，我们都很喜欢花儿和动物，所以每天都想努力找到新发现。

彼得是个小男孩，他还不会写字，只会读书。可他的眼光很敏锐，就数他在树篱里面看见的东西最多。佩姬的爸爸是名猎场总管，所以她认识鸟儿，也知道在哪儿能找到鸟窝。保罗家是经营农场的，他是个大孩子，而且很快就要成为一名教师了。

我们总是在榆树下的大池塘边碰头，然后沿着一条乡间的羊肠小道，走过村里的公共草地，穿过树林，再越过三块庄稼地，就到了村里的学校。

我们发现池塘附近各种生物应有尽有：乡间小道上有甲虫和田鼠，花儿和浆果，鸟窝和蜂巢；公共草地的金雀花丛上，蜘蛛结下它们的网；犁过的田地里，云雀藏着它的窝；草地上有金凤花和雏菊；玉米地里则长着矢车菊。

保罗会替我们把看见的一切都记下来，再编成一本书。

前言

我写这些书，是为了让孩子们对乡村生活产生兴趣。书中的语言都极其简单，以便孩子们每次上课都能大声朗读出来，但是其中的信息还需要教师进行解释和说明。事实上，我是想让这些课程作为口头教学的基础，教师在授课的过程中，鼓励孩子们带来标本、进行观察、提出问题。然后，等到孩子们对一课一读再读以后——多数课本都是这样的——就会掌握这些知识了。

我比任何人都清楚，这些大纲有多么微不足道，由于篇幅所限，还有很多内容未及详述。不过，我希望热爱自然的教师能从书中得到启发，并将这些空白填补起来。

那些有趣的插图会帮助孩子们认识书中提及的动物和植物。

阿拉贝拉·巴克利（费舍夫人）

总目录

野外小伙伴

目 录

第一课 公共草地上的蜘蛛

一个晴朗的夏日清晨，我们穿过公共草地时，看见有好多蜘蛛网在阳光下闪闪发光。金雀花丛上的蜘蛛网是圆形的，长长的蛛丝紧紧系在花刺上，每个蜘蛛网都有好多“辐条”，一圈一圈的蛛丝又将这些“辐条”连在了一起，就像车轮一样。蛛丝圈上到处都是一滴滴的虫胶，正是因为有像钻石一样闪亮的它们，蜘蛛网才会如此漂亮。

蜘蛛在网中央织出一个小小的帐篷，它就藏在里面，等着昆虫撞到黏糊糊的蛛丝上。一旦感觉到蜘蛛网晃动，蜘蛛就冲出来，在昆虫将蜘蛛网挣破之前把它抓住。

今天我们看见一只蜜蜂刚好撞到了金雀花丛里的蜘蛛网上，蜘蛛便从自己的帐篷里爬了出来，用尖利的毒牙咬住蜜蜂，扯下它的翅膀，然后坐在那儿吸起它身体里的汁液来。

“螳螂捕蝉，黄雀在后”，当蜘蛛正忙活时，保罗抓住了它，让我们看它那两颗带着尖头的毒牙。毒牙垂在蜘蛛的前额上，其上方是八只眼睛：四只大的，四只小的。它还有八条腿，上面长着奇形怪状的爪子，每一个都像一把梳子。你认为这些是用来做什么的呢？在织网时，蜘蛛就用这样的爪子来控制蛛丝。

我们把蜘蛛翻了过来，看见它的腹部有六个小袋子，它就是从这里面把蛛丝吐出来的。它把蛛丝从小孔里吐出来，再用腿上的“梳子”把蛛丝拉着，这样就能边往前爬边织网了。

除了金雀花丛上有蜘蛛网，公共草地里接近地面的地方也到处都是蜘蛛网，这些可就不像圆形蜘蛛网那样是用“辐条”织成的了(见图1-1)，而是像毛线一样缠在一起。我们花了很长时间都没能找到蜘蛛。后来有一天，保罗说：“蜘蛛网的正中间有一个洞，一直通到地下。”

图1-1　蜘蛛和黑莓树枝

这个小洞里结着蛛丝，就在这时，一只甲虫爬到了网上，蜘蛛网摇晃起来。一只蜘蛛立刻从地道里冲出来，抓住了甲虫。它的动作太快了，以至于我们还没来得及捉住它，它就已经带着甲虫回到了洞里。

公共草地上有很多蜘蛛并不结网，不过它们却将自己挂在蛛丝上。它们跳下去捕食地上的苍蝇和甲虫，所以被称为“猎蛛”。

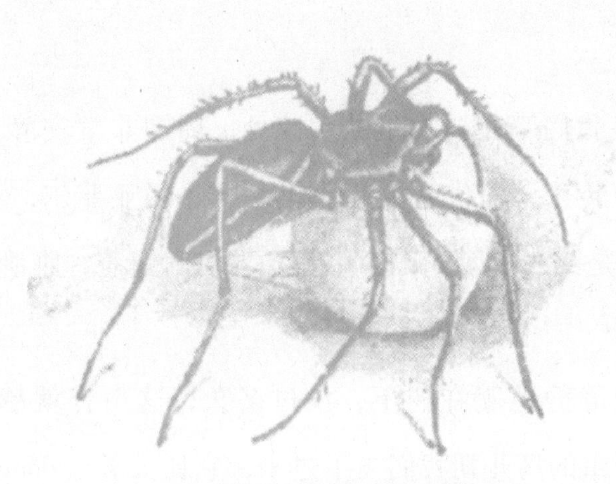

图1－2 带着卵袋的雌猎蛛

雌猎蛛会将卵装在圆形的卵袋中随身携带（见图1－2）。彼得抓过一只雌猎蛛，当时它正把白色卵袋带在腹部下向前爬。彼得把卵袋从它身下拿开，放在地上，可是他一放开，雌猎蛛便奔过去抓住卵袋。彼得把卵袋拿走了三次，每一次它都再度抓了回去，最后它趁我们还没捉住的时候逃跑了。

第二课　啄木鸟的巢穴

有天下午，我们躺在树林里的阴凉处，周围非常安静。突然，一阵奇怪的叫声传来，仿佛有人在大笑一样：“亚菲尔，亚菲尔，亚菲尔。”“那是啄木鸟。”佩姬说道，“咱们等着，瞧瞧它要干什么。”

于是我们便静静地躺在树下，没过多久，这声音就越来越近了，一只又大又重的鸟儿朝我们飞了过来，它比大鸫（dōng）鸟还要大一些呢。鸟儿很漂亮：翅膀是绿色的，胸部也是绿的，尾巴上有一点儿黄毛，脑袋是红色的，喉咙那里有一道红色的条纹，还有着长长的灰色鸟喙。

鸟儿离我们越来越近，它蹦蹦跳跳地往前走，然后停了下来，闪亮的长舌头伸出来又缩了回去，动作如此之快，让我们差点就看不见。

“它在吃蚂蚁，”佩姬说，“它的舌尖有黏性，所以能把蚂蚁带到嘴里。”

接着鸟儿爬起树来，姿势很是滑稽。因为尾巴既坚硬又结实，于是它便把尾巴弯下来抵在树上，撑起自己的身体（见图2-1）。它跳呀跳呀，用带钩的尖爪牢牢地抓住树干，先跳到树的右边，再跳到左边，然后跳到背面，最后从另一边跳了出来。

图2-1　啄木鸟

下为年老的雄鸟，上为刚刚成年的雌鸟

啄木鸟总是边跳边用喙试探性地啄着树皮，“哒，哒，哒”，最后它终于发现一处比较软的地方，于是撕开树皮，吃起里面的幼虫来。这些幼虫已经让树的这一块腐朽变质了。吃完以后，啄木鸟就从树上飞了下来。

啄木鸟看起来可真是有趣。下树的时候，它尾巴朝下以稳住身体，接着张开翅膀，慢慢地飞走了。

我们悄悄地跟在后面。没飞多远，啄木鸟便在一棵老榆树上停了下来，最后飞到了树的另一边。这下我们没有看到它再出来了。

“啄木鸟的窝一定在这棵树里面。”彼得说，“给我搭把手，保罗，我很快就会把窝找到的。”

于是保罗便让彼得爬到他背上，好让他能够到树枝。彼得抓住大树枝，爬到了树上。

“在这儿呢，”他终于喊道，“这里有一个小洞，刚刚好够一只鸟儿爬进去，不过它们在树里面掏的洞可就大了，我只能把手伸进去。”

说着，彼得把手伸进了洞里。过了一会儿，他把手缩了回来，手里捉着一只雌鸟。它的脑袋没有雄鸟那么红，也没有红色的胡须。彼得放飞雌鸟后，又从洞里掏出六枚闪闪发光的鸟蛋来。

“我能摸到洞底有一些软木屑，”他说，“要把蛋放回去吗？”

“当然了，”保罗说，“那样雌鸟就会飞回来孵蛋，等到它们孵出来以后，咱们再来的时候就能看见幼鸟了。”

从那天以后，每天只要一放学，我们就折过去看看小啄木鸟有没有破壳而出。

终于有一天，我们看到老啄木鸟带着虫子进了树洞，又过了一会儿，我们在树上看到了幼鸟。幼鸟们还不会飞，不过它们带着那硬硬的尾巴在树枝上跳来跳去，姿势十分有趣。

一个星期以后，我们看见幼鸟们能飞来飞去了。可是等我们再来的时候，它们全都不见了。彼得爬到树上，发现窝里已经空空如也了。

第三课　春天的花儿

每年四月来临时，我们都很开心，因为到了这个时候，光在上学的路上就能看到好多花儿。虽然果园里的雪花莲二月份就开了，而且彼得还能时不时地找到盛开的报春花和紫罗兰，不过，要想采到一大束花，我们就得等到四月。在这之前，植物们都在忙着长叶子呢。

我们发现，最早开出鲜艳花朵的是田野里的水仙花和树林里的银莲花。我们把水仙花称为“四旬斋百合”（译者注：四旬斋，基督教的大斋期，从大斋期首日到复活节前夕进行为期四十天的斋戒和忏悔），一到复活节，它们就被摆在教堂里。水仙花的叶子又细又长，是直接从地里长出来的。每一朵花都高高地长在自己那根花茎的顶端，花中央有一根深深的黄色花冠管，周围是一圈浅黄色的花冠。如果把水仙从地里挖出来，你会看到它有一个球茎，就像洋葱一样。保罗说，正是因为有球茎，它才会这么早开花。秋天时，水仙把营养储存在球茎里，等到一月，它就用这些营养来长叶、开花。

佩姬最喜欢的是五叶银莲花。因为在风中摇曳的样子非常漂亮，所以它也被称为“风之花”。五叶银莲花那柔嫩的粉色和白色的花儿高高地站立在长花茎的顶上，花茎的半腰上长着三片羽毛似的绿叶。阳光灿烂时，这花儿就好像粉色和白色的小杯子，可是当乌云密布下起雨时，它就紧紧地合拢成一个花蕾，直到阳光再度普照，才会盛开。

有一回佩姬咬了一口银莲花的叶子，她觉得舌头火辣辣的，而且味道很苦。后来保罗告诉我们，银莲花是有毒的，动物们都不会吃它的叶子，就由着它茁壮成长，所以树林里才会有这么多银莲花。

银莲花没有球茎，但它在地下有一个很厚的褐色块根，营养就储存在里面。

水仙花和银莲花还没有开败，河岸上便满是报春花和紫罗兰了。报春花在下着雨的清晨最是好看，它的叶子一点儿也不光滑，上面坑坑洼洼的，好像山脉和峡谷。雨水就巧妙地顺着叶子上的“峡谷”往下流，一直流到根上，这样报春花就能喝到水了。

蜜蜂和苍蝇也很忙。它们先停在一朵报春花上，接着再停在另一朵上。大家都知道它们要找的是什么。要是把报春花的黄色花冠扯下来，吮吸花冠管的根部，你会尝到一股甜甜的味道。这就是蜜蜂们寻找的花蜜的味道。除了花蜜之外，它们也把一些黄色的花粉从一朵花带到另一朵花上。保罗说这对花儿很有好处，将来我们就会明白的。

紫罗兰的花蜜可不好找，不过我们还是找到了。当一朵紫罗兰正对着你时，你就能看到它有五片紫色的花瓣，花中央有一个黄色的小嘴，就像小鸟的嘴一样。要是你看看紫罗兰的背面，就会发现有一个长长的小袋子，样子很像手套上的手指头。我们经常把这个小袋子拽下来吮吸，里面装满了花蜜。蜜蜂停在紫罗兰花上时，会把脑袋伸到中央的黄色小嘴里，用舌头从袋子里把花蜜吸出来。

现在，报春花、紫罗兰和蓝色风铃花都开了，蜜蜂们就能找到好多花蜜来装满蜂房了。

第四课　松鼠一家

我们可喜欢一个名叫鲍比的小宠物了。它是一只小松鼠，住在树林里的山毛榉树上。

每天早上，我们都看见鲍比在树枝上跳来跳去，身后拖着它那毛茸茸的长尾巴。有时候，它会径直跳到地上，跑来跑去地捡山毛榉坚果。有时候，它会挺直了身子坐在树枝上，爪子上捧着坚果或橡果，尾巴朝上弯在背后。

我们认识鲍比已经两年了，每次一吹口哨，它就会跑到我们身边来。不过要是被什么东西惊吓到了，它就会立刻逃走，冲到最近的树上（鲍比的爪子很锋利，所以一会儿就爬上去了），然后从绿叶中回过头来偷偷张望，我们能看到它那闪闪发亮的黑眼睛正瞅着我们呢。

鲍比背上的毛红棕色，肚子上的毛却是白色的。它背上那可爱的红尾巴就像一把刷子似的。由于后腿很长，所以它才这么善于跳跃。前爪上有一个趾头没有跟其他趾头长在一起，就像我们的大拇指一样，爪子用起来也像人的手一样。它会坐在那里捧着坚果，然后用牙齿剥掉上面的褐色皮壳。

有时候鲍比也会偷鸟蛋吃。它会用爪子抓住鸟蛋，把鸟蛋尖的那头打破，然后将蛋黄吸出来。

鲍比的耳朵长得可有意思了！耳朵后面有几撮长长的毛。冬天里，它偶尔会从洞里出来吃东西，我们看见它耳朵后面的那几撮毛比夏天时长多了。不过，冬天的大多数时候我们都看不到它，它在树洞里睡得正香呢。我们知道鲍比的洞在哪里，彼得曾经看到过。在一个暖和的冬日，彼得看见它从树上下来吃橡果（它储存的橡果就埋在树脚下），然后又回到了树上。彼得爬到树上去，在树干上的一个洞里看见了鲍比那卷作一团的蓬松尾巴，于是他就知道鲍比在这个洞里睡得既温暖又舒服。

鲍比有一个小娇妻，它们总是形影不离（见图 4 - 1）。不过小娇妻很害羞，不肯到我们身边来。春天没有坚果吃的时候，它们就吃树上的叶芽。

五月时它们可忙活了，采来树叶、苔藓和嫩树枝，在远离地面的树杈上搭窝。到了六月，它们的小宝宝就出生了。保罗爬到树上，看见了四只非常可爱的小松鼠，它们身上长着红色和白色的软毛。小松鼠在窝里住了一阵子，不过我们经常看见它们在树枝上跑来跑去。松鼠爸爸和妈妈很会照顾它们，一整个夏天都和它们待在一起。到了秋天，它们把一小堆一小堆的坚果和橡果藏到树脚下，等到冬天，它们在暖和的冬日醒来时就有吃的了。

从那以后我们就再也没有看到过松鼠们了，也不知道它们是都钻进一个洞里蜷起身子睡呢，还是各自找了一个树洞蜷起来睡。

图 4－1　一对松鼠

第五课 云雀与死敌

在我们家附近有很多很多云雀。早上我们去上学时，它们总是唱得很开心，不过它们唱歌要比我们上学早得多。

有一回，我们想试试看能不能比云雀起得早，于是便约好早上五点在草地碰头，因为有一只云雀一年来天天在那儿唱歌。可是我们还在乡间小路上时，就听见了它的歌声。云雀一飞冲天，先往右边飞一会儿，再往左边飞一会儿，一直都是边飞边唱，仿佛想要用欢乐的歌声来唤醒整个世界。

我们看着它，一直到它变成天空中的一个小点。它又飞了回来，在离地面只有几英尺高的地方时收起翅膀，落进了草丛中。

第二天早上，我们四点钟就去了。这只云雀倒是没有唱歌，但隔壁那块地里有只鸟儿像云雀一样快乐地冲上了云霄。后来，妈妈说我们不能起得更早了。这样一来，我们就没法早过云雀了。

我们曾经抓住过一只云雀，仔细观察后，又放飞它了。这只鸟儿的颜色一点儿也不鲜艳，褐色的翅膀上布着黑色的条纹，胸部和喉咙都是白色的，上面有褐色的斑点，眼睛上方还有一道白色的条纹。它的脚也很有意思，脚趾头平平地贴着地面，后趾上长着很长的爪子。要是你观察过云雀就会发现：它是跑而不是跳；它从不在树上栖息，只是偶尔会停在低矮的灌木上；它是在地上生活的，只有唱歌时才会飞起来。

冬天，我们在上学的路上看见田地里有大群大群的云雀，它们在找虫子、小麦种子和燕麦种子。我们一走近，云雀们就飞起来，几只几只地飞到稍微远一些的地方，然后再盘旋回来，降落到地上吃东西。

云雀们在冬天很少唱歌，等到了春天，它们成双成对时，才会唱得如此优美。

大约到了三月，我们常常能看见云雀那藏在草丛里的窝。它们把窝安在车辙里，或是地上的小坑里，通常是在田地的中间。在小窝里放上干草，然后下四五枚蛋。这些暗灰色的鸟蛋上长着褐色的斑点，十分隐蔽地藏在茂密的草丛中。

当云雀唱完歌飞下来时，它并不是降落在鸟窝附近，而是落在稍远一点儿的地方，再穿过草丛跑到窝里。这是因为它害怕雀鹰看见自己的窝，然后扑下来伤害幼鸟。

雀鹰是云雀的死敌（见图5－1）。有一天，我们看见一只云雀正在飞着，忽然间，一只雀鹰向它扑去。云雀也看见了，于是飞快地逃走了，雀鹰追不上，只好飞远了一点儿，在周围盘旋着，直到云雀累得不得不降落，便再一次袭击云雀。但这只云雀可比雀鹰聪明，它收起翅膀，径直落到了茂密的草丛里，这样雀鹰就找不到它了。看到那只小云雀安全地回到了妻儿身边，我们很开心。

图5－1　雀鹰

第六课　坚果和吃坚果的家伙们

在上学的路上，有一片小小的坚果树林。冬天，树上光秃秃的，坚果灌木上长出了一串串我们称之为“羊尾巴”的灰色东西，保罗说它们的真名叫做柔荑（tí）花序。

我们经常会去看看柔荑花序有没有长大。起初它们就像树枝上的灰色小花蕾，然后越长越大，还垂了下来（见图6－1）。渐渐地，它们变得松散了，好像流苏一样，灰色的鳞片下长出了小小的黄色花粉袋。

到了三月，叶子还没长出来，树就在风中摇曳着，风把黄色的花粉吹得到处都是。这时，我们发现在靠近树枝末梢的地方长出了小花，不过要很仔细才能看得见。这些花非常漂亮，每一朵花都有两个红色的小尖角。

我们知道这些小红花会长成坚果，因为九月份我们看到坚果的时候，它们就长在原先开小花的地方。风把黄色的花粉从“羊尾巴”上吹了下来，其中有一些落到了小花的红尖角上，这样就结出了坚果。

图6－1 坚果花、柔荑花序和小花的红尖角

秋天，我们一直留心坚果熟了没有。在松鼠把坚果摘走以前，我们也想摘一些。还有一种名叫五子雀的小鸟也会把坚果摘走。

佩姬太心急，果子还没成熟的时候，她就摘过好几次。这样可不聪明，因为这时的果子里面只有一个水汪汪的小果仁，除此以外，果壳里满是软软的白色物质。

保罗说，这种白色物质就是坚果的营养，坚果靠它来长大，然后变得结实。坚果熟了以后可能会从原本生长的棕色叶苞中掉下来。

有时候，我们捡到坚果时，会发现壳上有个小洞。由此我们可以得知，这个坚果是坏的，里面多半能看到一条虫子（见图6－2）。

图6－2　生了虫的坚果

这可真是奇怪呢！保罗告诉我们，这种虫子长大了会变成甲虫。它看起来可一点儿也不像甲虫。不过，很多甲虫在小的时候都没有腿，只是肉肉的虫子而已。

坚果里的这种甲虫名叫象鼻虫。在坚果还没成熟、还很软的时候，母象鼻虫就把卵产在里面了，它个头很小，但是嘴巴很长。象鼻虫先用嘴巴在软软的绿坚果上钻开一个小洞，然后再把一颗很小的卵产在里面。卵慢慢地孵化成了一只幼虫，它在里面吃坚果，所以会长得很胖。当我们捡到这种坚果时，果仁已经被吃掉了一半，幼虫就蜷着身子躲在里面。

要是我们不把这种坚果捡起来的话，幼虫会用它那坚硬的嘴巴在果壳上咬出一个大洞，然后蜕了皮爬出来，成为一只有翅膀的象鼻虫。

坚果是黄色的花粉和红色的小花结出来的。有些坚果被我们采来了；有些被松鼠摘走了；有些被五子雀带走了；有些落到地上，长成了小小的坚果树；还有一些在成熟以前就被象鼻虫占领了。

第七课　老鼠和尖鼠

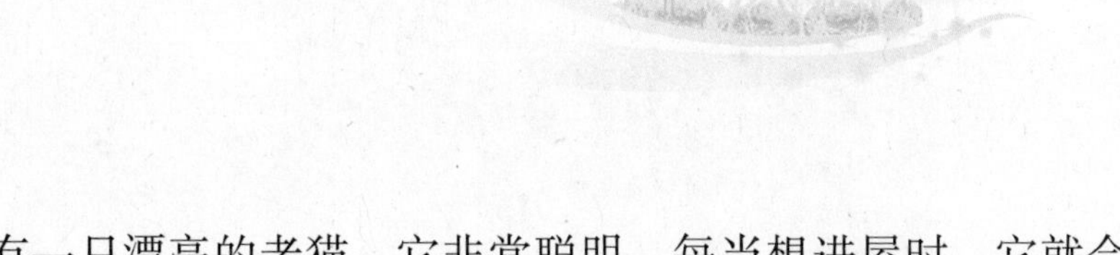

彼得有一只漂亮的老猫，它非常聪明。每当想进屋时，它就会把前门的把手弄得格格作响。如果夜里回家晚了，它就会跳起来去拉花园墙上的电线，弄响电铃，这样彼得就会下来放它进门了。

不过在一件事情上老猫却很笨，就是弄不明白尖鼠和老鼠不是同一种动物。我们很喜欢它捉花园和田地里的老鼠，因为老鼠会咬我们的豌豆、啃番红花的球茎，还会躲在干草堆里吃小麦和燕麦。但是尖鼠吃的是昆虫、蠕虫和鼻涕虫，这对我们很有好处，因为昆虫和鼻涕虫会吃庄稼。

老猫并不笨，应该能分清的。在咬死老鼠以后，它就能分清了。它会把老鼠吃掉，并且也喜欢吃，但从不吃尖鼠，只是把尖鼠弄死，然后就放在那里不管了。我们认为，老猫弄死尖鼠，是因为它逃跑；而不吃尖鼠，是因为它气味难闻。

有很多人都分不清老鼠和尖鼠，因为它们长得很像。尖鼠的个头没有田鼠那么大，只比可爱的小巢鼠稍微大一些。巢鼠会在麦秆丛里用干草搭出一个圆圆的窝来（见图 7－1）。

图 7－1　巢鼠与田鼠

上为巢鼠和它们的窝，下为田鼠

去年夏天，我们发现了一个巢鼠窝，它的大小跟大的天鹅蛋差不多，形状也差不多。我们朝里面偷偷看了一眼，发现窝里有七只很小很小的小巢鼠，背上的毛是红棕色的，肚子上的毛是白色的。

尖鼠的毛更像是灰色的。有一个办法可以让你永远不会混淆老鼠和尖鼠：老鼠的嘴巴很短，前面还有四颗大门牙，它就用这个来啃树根、吃球茎、咬麦穗；尖鼠的嘴巴又长又细，牙齿很小很尖，这样它就能咬死昆虫、蠕虫和鼻涕虫，再把它们吃下去。

一到晚上，尖鼠和老鼠就忙活起来了。月光很亮的时候，我们偶尔会出去看看它们。老鼠飞快地跑到地里，再跑回树篱。保罗说，它们这是在把种子和小块小块的根茎运回河岸上的洞里。因为它们知道自己在冬天醒来时会需要食物，但那会儿到处都找不到吃的。尖鼠则安静地在树篱底下爬来爬去，把它们那长长的嘴巴伸到茂密的草丛里去吃地蜈蚣和毛毛虫。

老鼠和尖鼠都很害怕猴面鹰。猴面鹰总在晚上出来，用它那尖利的爪子把老鼠和尖鼠抓回去喂它的幼鸟们。

尖鼠并不储存食物，因为它们一整个冬天都在河岸上的洞里冬眠。等到了春天，它们会把软软的干草放在洞里，母尖鼠就在这里养育出五六只小尖鼠来。

老鼠会在河岸上打很深的地洞，先储存上很多食物，然后才去睡觉。但是它经常会醒来，吃点儿东西再继续睡。与尖鼠不同，它一年里能生出好多只老鼠，所以老鼠才会这么多。

第八课　蚁丘

上学路上有一片树林，里面有个很大的蚁丘，它在一棵老橡树的底下，离小路不远，几乎跟彼得一样高，看起来就像是一堆树叶松松地堆在一起，里面还夹杂着树枝和泥巴。蚁丘的底很宽，顶是圆的。

晚上我们回家时，蚁丘已经是一片寂静了，外面就连一只蚂蚁也看不到，仿佛里面压根就没有蚂蚁。但是当我们在晴朗温暖的早晨路过这里时，就会看见蚂蚁们从缝隙中爬出来，在蚁丘周围跑来跑去。

这些蚂蚁跟麦粒差不多大，身体的中部就像一个小圆球，触角很长，下巴也很强壮。你要是碰了它们，它们就会狠狠地咬你，不过并不会像家蚁那样用尾巴蜇人。

到了晚饭时分，蚂蚁们就更加忙碌了。它们在蚁丘上打开很多小洞，匆匆忙忙地跑来跑去。有的蚂蚁拖着小块的树叶和树枝，把这些加到蚁丘上，还有的把食物送进蚁丘里。有一天，保罗看见好多只蚂蚁把一条死去的蠕虫给扯成了碎片，然后每只都咬了一小块运回去，从小洞钻进了蚁丘。

有时候，蚂蚁也会用嘴咬着一些白色的小圆团从蚁丘里出来。佩姬的父亲——那位猎场总管——会把这些白色的小圆团给他的鸟儿吃。他说这个是蚂蚁的卵，但是保罗说这些叫做茧，是用茧丝织成的小袋子，蚂蚁宝宝就在这里面。

真正的蚂蚁卵要比茧小得多。当小蚂蚁从卵里出来的时候，它看不见，也没有腿，这时的蚂蚁叫做幼蚁。工蚁会用花蜜喂养它们，幼蚁再从嘴里吐丝结茧把自己包裹起来。

等到茧结好，工蚁就无法再给幼蚁喂食了，只能好好照顾这些茧。白天，它们把茧拖出来晒太阳，晚上再拖回去。幼蚁在茧里面长出眼和腿，变成了真正的蚂蚁。工蚁会帮助它们从茧里出来，然后它们就可以开始干活了。

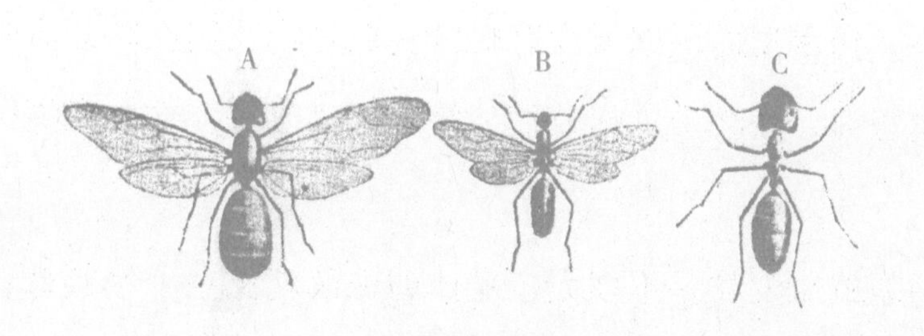

图 8－1　蚁

A. 蚁后；B. 雄蚁；C. 工蚁

有一天，保罗用树枝在蚁丘上戳出一个洞来。我们看见树叶下的地面有一块凹了下去，里面满是白色的茧。蚂蚁们非常生气，有些蚂蚁来咬我们，其他蚂蚁则咬着茧逃走了，生怕我们会伤害它们的宝宝。

晚上我们回来的时候，蚂蚁们已经把蚁丘修补好了。所有的洞都堵上了，茧也都安全地待在里面。

夏天的时候，我们有一回看到好多有翅膀的蚂蚁飞在蚁丘上空。保罗说这些是雄蚁和蚁后。没有翅膀的蚂蚁则是工蚁，充当保姆和工人的角色。

第九课 野蜂巢

去年三月，天气渐渐暖和起来的时候，我们看见一只野蜂嗡嗡地飞过了田野，有些孩子也把它叫做大黄蜂。

“快看，彼得，”佩姬说道，“这是一只野蜂后，它已经睡了整整一个冬天，现在一定是在筑巢呢。”于是彼得就跟在这只野蜂后身后。它飞到河岸上，钻进了草丛。彼得在那儿放了一根大树枝作为标记，我们每天都去那儿看它。

我们常常看见野蜂后把一小块一小块的苔藓带进去，不过我们并没有往里面看，因为害怕它会逃跑。过了两个星期，保罗告诉我们说可以看了。我们发现草丛里藏着一小块圆圆的苔藓，里面涂着蜂蜡，就好像是一个底朝天扣过来的小小茶杯碟。我们把它抬起来，看到底下有几个平平的圆口袋，有些有一元钱硬币那么大，有些还没有五角钱的硬币大，都是用黏糊糊的褐色蜂蜡做成的。我们打开了其中一个，看见里面有七个小小的卵，和罂粟籽差不多大。还有几个褐色的小球，保罗说这些球是用蜂蜜和花粉做的。在另一个小口袋里，我们找到了已经从卵里孵化出来的幼虫，旁边那些褐色的小球就是它们的食物。

我们观看蜂巢的时候，野蜂后非常不安，它就在离我们很近的地方。野蜂后又大又胖，非常漂亮，褐色的身体上长满了软软的黄毛，其间还有一道一道的黑毛。它的翅膀很大，在阳光下闪着耀眼的光。野蜂后并没有蛰我们，保罗说它是非常温和的。不过它很担心我们会伤害那些马上就要长成工蜂的幼虫。我们把盖子放了回去，又过了两个月才来，那时已经是六月了。我们害怕割干草的时候马会踩到蜂窝，所以就去看看。

哇！现在蜂巢已经很大了，还有一个大大的苔藓屋顶，上面涂着蜂蜡，非常坚硬，我们得用小刀才能把它划开。野蜂只有一个办法可以进去，那就是通过一条长长的地下通道。屋顶下面有很多脏兮兮的黄茧，里面是正在长成野蜂的幼虫。这些茧也用蜂蜡粘在一起，有些是打开的，因为野蜂已经出来了，这些茧里面有蜂蜜。

有好多野蜂在蜂巢里进进出出，都是从那只野蜂后这两个月产的卵里面孵出来的。它们在忙着把蜂蜜和花蜜带进蜂巢给幼虫吃（见图 9－1）。不过保罗说野蜂并不像蜂房里的蜜蜂那样储存蜂蜜。因为当寒冷潮湿的天气到来时，它们都会死掉，除了几只野蜂后。而这些野蜂后会钻进树上的洞里或是暖和的干草堆里，一直睡到春天再度来临。

圣诞节时我们又去看了蜂巢——屋顶已经破了，所有的巢室都碎了，一只野蜂都没有了。

图 9－1　野蜂在豌豆花里采蜜

第十课　彼得的猫

彼得的猫很喜欢上树林里去，我们生怕它哪天会送掉小命。佩姬的爸爸只要在树林里看见猫就会开枪打死，因为猫会吃兔子和野鸡(见图 10－1)。

图 10－1　猫在偷偷接近兔子

不过彼得没法让猫待在家里。天一黑它就溜出去了，常常整夜不归。猫在黄昏时分出去，是因为这个时候所有的动物都在觅食，所以它能抓住老鼠和小兔子，也能抓住在地上睡觉的鹧鸪和树上的其他鸟儿。

猫是非常聪明的猎手，它的身体就是为了抓住猎物而生的，既苗条又强壮。只要爪子一挥，它就能杀死一只老鼠；跳得又远又快，几乎没有老鼠和鸟儿能逃脱它的利爪。

猫的脚掌下长着软软的肉垫（见图 10－2），所以能悄无声息地接近猎物。有了肉垫的保护，即使从高墙上跳到地面，它的脚也不会受伤。

我们都知道，猫的脚趾上长着锋利的爪子（见图 10－2）。不过，它在跟自己的小猫咪或是彼得玩耍时，爪子却非常柔软，让人想不到它还会用爪子当武器。这是因为猫每个脚趾的皮肤下面都有一个凹槽，当它不想用爪子时，就把爪子收回到凹槽里。

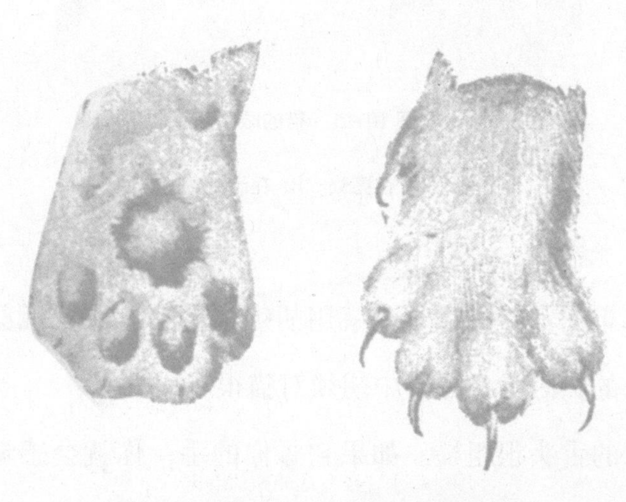

图 10－2　猫脚上的肉垫（左）和爪子（右）

但是，当猫跳起来扑向老鼠或是小鸟时，就会用爪子进行攻击，它弯起脚趾，爪子便露了出来，刺进了猎物的皮肉。

可猫为什么能在夜里看见小鸟和老鼠呢？保罗给我们看过，在黑暗中，它能把每只眼睛的中间睁得大大的。我们把小猫咪抱到灯旁，看见它眼睛中间的孔——也叫做瞳孔——只是一道细缝。然后把它放在黑暗的房间里关了一会儿再放出来，在月光下看它的眼睛，那道细缝已经变成了一个又大又圆的黑球。

白天，从这道细缝透过的光线就足够猫咪看清楚东西了。当它在夜里出门时，这道缝就伸展开来，变成一个大大的圆球，让月光或星光等所有的光线都透进来。

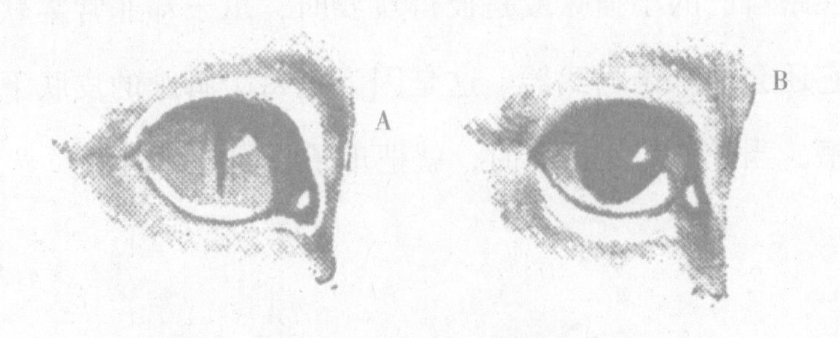

图 10－3　猫的眼睛

A. 在亮处；B. 在暗处

不过如果非常暗的话，猫就用胡须来探路。保罗说剪掉猫的胡须是很残忍的，因为在黑暗中胡须对猫很有用。

小猫咪的舌头很粗糙。如果它舔你的手，你就会感觉到它的舌头和你自己的舌头很不一样，跟小狗的舌头也不一样。当它用又长又尖的门牙把骨头上的肉咬掉以后，就用这粗糙的舌头将骨头上剩下的碎肉刮下来。

猫可聪明了，看看它的脑袋，你就知道这是为什么了。它那宽阔的前额里空间很大，脑容量大。有一天，我们把兔子和它放在一起比较，兔子的脑袋就小多了，脑容量也很小，难怪猫比兔子狡猾多了。

谁能想到这只猫—— 一只坐在炉火边和它的小猫咪们喵喵直叫的猫——在树林里竟是如此凶猛？可是保罗说，在苏格兰和英格兰北部，以前有一种野猫跟老虎一样凶猛。老虎和猫确实很像，有的时候老虎也很可爱。有一天在看野兽表演时，我们听到老虎在舔自己的幼仔时呜呜直叫。

第十一课 贪婪的陌生来客

今年的四月中旬，我们头一回听到了布谷鸟的叫声。我们很喜欢听到这声音，因为这表示春天已经来了。今年我们很幸运，见证了一只小布谷鸟在巢中的成长过程。

事情是这样的：

布谷鸟的叫声我们已经听了有一阵子了，“布谷，布谷，”就好像有很多布谷鸟在歌唱。有一天，我们听见了一个很有趣的声音，像是在喊“几棵—几棵—几棵”。“啊，”佩姬说道，“爸爸说这是母布谷鸟下蛋时的叫声，所以这附近才会有这么多公布谷鸟，他们在对她唱歌呢。”

“那么，”彼得说，“如果母布谷鸟在这里的话，也许我们能找到它的蛋。我真想看看小布谷鸟。”

大约一个星期以后，彼得找到了云雀的窝，就在河岸边的草丛里，离树林不远。窝里有两枚暗灰色的小鸟蛋，上面还有褐色的斑点。第二天，我们上学时发现窝里有三枚蛋。第三天，窝里有四枚蛋。可是当那天下午放学时，窝里的蛋就变成了五枚。

“云雀不可能一天下两枚蛋，”彼得说，“不知道是不是布谷鸟把自己的蛋衔到这儿来了。”

我们都知道，布谷鸟是在地上下蛋的，然后再用它那大大的鸟嘴把蛋衔到其他小鸟的窝里去。我们天天都来看，一看就是两个星期。云雀对于我们的到来已经习以为常，甚至都不会从窝里飞出去了。它个头很小，翅膀、喉咙和下巴上都有褐色的斑点。

两个星期以后，两只小云雀破壳而出了，第二天又出来两只。它们张开嘴要吃的，于是公云雀就飞到田野里去，抓苍蝇和毛虫来喂它们。可是鸟妈妈仍然坐在那里孵第五枚蛋。

又过了两天，第五只小鸟也出来了。它的嘴巴弯弯的，弯下去的脚趾上长着短短的利爪，两个趾头在前，两个趾头在后。而云雀的嘴巴是直的，脚趾也是平的，并且是三个趾头在前，一个趾头在后。

根据嘴巴和脚趾，我们认出了这是一只小布谷鸟。

第二天我们又来了。小云雀的翅膀上正在长毛的地方已经长出了羽根，眼睛也睁开了，小布谷鸟却还是光溜溜的，眼睛也没睁开。可是已经有两只小云雀被小布谷鸟从窝里推了出去，它们躺在河岸上，已经死了。

小布谷鸟一夜之间长大了许多，它坐在那儿大张着嘴，大云雀就用小虫子来喂它。我们看到布谷鸟在窝里到处推，又把一只小云雀推下去掉到了河岸上。我们把小云雀放回窝里，然后去上学了。然而，等我们回来的时候，窝里就只剩下布谷鸟了，四只小云雀都死了，躺在河岸上，是布谷鸟把它们全都推下去了！

大云雀似乎对它们死去的孩子视而不见，忙着喂这只又大又饿的陌生来客。它们喂了小布谷鸟五六个星期，甚至在它已经能自己从窝里出去以后，还在喂。

这可真有意思！布谷鸟比画眉还大，可是云雀比麻雀还小。大个头的小布谷鸟就坐在树枝上大张着嘴，让这些小个头的云雀去替它找食物来。

后来，布谷鸟飞走了。八月时，我们又听到了布谷鸟的歌声。我们知道老布谷鸟都已经走了，不知道这一只是不是那只年轻、贪婪的陌生来客。

第十二课　鼹鼠和它的家

去年夏天，牧场里有好多鼹鼠，我们常常看见田地里到处都拱起了鼹鼠丘。最后，保罗的爸爸请了人来抓鼹鼠。他在牧场里设下了陷阱，杀死了很多鼹鼠。

鼹鼠是一种很奇怪的小动物，我们乡下孩子把它叫做地爬子。它那长长的身体有些胖，尾巴却又粗又短，皮毛是深褐色的，仿佛天鹅绒一般，既柔软又细密。鼻子很长很尖，鼻头很硬，嘴巴里长满了锋利的牙齿。

鼹鼠的脚也很有意思，上面没有长毛，是光溜溜的粉红色。前爪背向它的身体，就像是一双又宽又平的手，爪子非常坚硬。相对于这样一个柔软的小动物来说，这样的前爪显得太大了。

保罗说，前爪就是鼹鼠的“铲子”。它住在地下，抓虫子吃，边往前爬，边用它那坚硬的鼻子拱出一个洞，然后再用有力的爪子把土铲到旁边。这样就打出一条地道来。当它想把松软的泥土弄走时，就用长鼻子把泥土顶到地面上。鼹鼠丘就是这么来的。

不过鼹鼠可不是一直待在地下的。在炎热的夏日夜晚，我们有时候也会看到它们在树篱里摸来摸去地找鼻涕虫和蜗牛。公鼹鼠的数量要比母鼹鼠多。

我们很想找到鼹鼠的家，于是便往一些鼹鼠丘的底下挖，以为可以找到它的窝，可是我们找到的只有地道。抓鼹鼠的人笑话我们，他问我们就在鼹鼠丘的下面挖洞，是不是以为鼹鼠会在自己家的屋顶上堆起土来，好让敌人知道上哪儿能找到它们。

后来有一天，一位先生来请保罗的爸爸替他打开一个鼹鼠洞，他想看看里面是什么样子的。这正是我们想看的，于是也跟着去了。

抓鼹鼠的人带着我们在田地里走了一段路，来到树林附近的拐角处。我们看到了一个大大的土墩，就在树底下，上面长满了草。

接着，他在土墩的侧面挖了起来。过了一会儿，大约挖到中间时，他停了下来，很仔细地用双手把泥土清开。那里——就在地下——有一个又大又圆的洞，洞顶是一层非常硬的土。他已经把侧面的土都弄走了，我们能看得到里面的样子。洞里铺着干草，还躺着四只小鼹鼠。我们很小心地把土又填了回去，让鼹鼠宝宝在里面感到安全又安静。

我们看见鼹鼠洞的侧面有四个洞口，这些洞口通向牧场，老鼹鼠出去觅食的时候，就从这里进出。我们担心自己挖的土会把这些洞口堵上，但是抓鼹鼠的人说，老鼹鼠很快就会让洞口恢复原样的。

他说，冬天的时候，鼹鼠爸爸会自己单独住在另外一个像这样的窝里，靠吃虫子为生。有时候它也会到地面上来，如果天气非常冷的话，它就会被冻死。鼹鼠只有到了春天才会交配。

天空小·伙伴

目 录

第一课　我们了解的鸟类

我很好奇你能一眼认出多少种鸟，并且对它们的鸟巢和习性知道多少。

英国有三四百种鸟，能认全的人寥寥无几，但在这里一年所能了解到的普通鸟类比在其他任何地方都要多。之后你可以再去寻找稀有种类。

作为初学者，最好能先把你觉得最有把握的写下来，然后说说你是如何辨认它们的。知更鸟不会被认错，因为它有着红色的胸脯，圆滚滚的小身体和褐色的翅膀。雌知更鸟的胸部没那么红，小知更鸟的胸部更是完全不红。但当它们和雄知更鸟一起出现时，你便能迅速从体形上看出差别。

可是苍头燕雀的胸也是红色的，怎样才能把它和知更鸟区分开呢？其实苍头燕雀胸脯的颜色比知更鸟的更深，即使在远处，你也可以认出它那黑色翅膀上的白色条纹以及一些羽毛上的黄色羽尖。此外，它的体形更长，移动起来体态更优美。尤其是当你靠近它的巢时，它会大叫“平克，平克”，这立刻就泄露了它的身份。

云雀那苗条的体形，带着白色斑点的喉咙，在空中飞翔的姿态以及它那甜美的歌声，是它的重要特征。普通的绿色啄木鸟很容易辨认，因为它色彩鲜艳，爪部奇特，尾巴僵直（便于把自己拉上树）。尽管五子雀也是跳跃着上树，但你绝不会将它与啄木鸟弄混淆，因为五子雀的个头和麻雀差不多大小，尾巴短短的，翅膀是蓝灰色的，胸部的红色羽毛没有光泽。

你还会认识咕咕叫的林鸽，叽叽喳喳的喜鹊，长着钩状喙、翱翔蓝天的雄鹰以及满身绒毛的猫头鹰。我相信你可以说出更多种鸟来。

你最熟悉的鸟类大多数都是我们常年可见的，但也不尽如此。褐雨燕在八月就要飞去南方了，雨燕和毛脚燕到了十月份也会随之南迁。等它们全都飞走了，田鸫就从北方飞过来了，成群结队地在潮湿的田地里找虫子吃。当土地冻得太坚硬时，它们就会以冬青树的浆果为食。

雨燕和毛脚燕非常相似，总是一起迁徙，你可能很难将它们分清楚。不妨这样来记它们的差别：雨燕的胸前有一圈蓝黑色的毛，而且尾尖的分叉也比毛脚燕要长。

你若愿意，可以一年到头都观察这些小鸟，看看它们何时飞来，何时飞走，吃什么食物，飞翔的姿势是怎样的，歌唱的时间是清晨还是傍晚以及它们筑巢的地方在哪里。

很多农民和园丁都会射杀小鸟，因为讨厌它们偷吃谷物、豌豆和水果。其实很多小鸟主要是以吃昆虫为生的。你应该弄清楚哪些属于这一类，因为它们是清除地蜈蚣、毛毛虫、鼻涕虫和蜗牛的好帮手。

如果你在某个早上看到窗外有只画眉对着一块石头敲击一个蜗牛的壳，试图把蜗牛弄出来，你就会觉得它是个好园丁了。如此一想，就不会吝惜夏天被它吃掉的那点水果了。

可以观察的还有鸟巢和小鸟。你不需要把鸟巢拿走，也用不着把小鸟的蛋抢走。只需拨开树叶和树枝，悄悄地向鸟巢里看。这样的话，你改日再来拜访，就能看到小鸟破壳而出，看着小鸟慢慢成长了。只要你小心谨慎，不把灌木丛弄得乱糟糟的，或者用手去摸鸟蛋，鸟妈妈就不会将鸟宝宝遗弃，自己飞走。去年有一对画眉鸟把巢筑在了路边的树篱中，过往行人川流不息。我常常跑去看它们的巢，但鸟妈妈并不介意，依然把四个小宝宝抚养长大。我去偷看时，它甚至还会静静地坐在鸟巢里，它的伴侣则在附近的一棵树上歌唱。

课后作业：请指出你家附近常见的六种鸟，并对它们进行描述。

第二课　小鸟的鸣唱

小鸟在欢乐的时候就会歌唱，受到惊吓的时候就会大叫，这一点和小孩子极为相似，差别只是在于它们有自己独特的歌曲和叫声。你一定能认出那些欢乐地放声高歌的小鸟，因为它们会立在树枝上或篱笆顶端，抑扬顿挫地唱出欢乐的音符。

春天的清晨，天刚蒙蒙亮，你就能听到花园里的鸣唱。先是一阵轻轻的啁啾声和叽喳声，好像是小鸟们在互道早安，它们还会清清嗓子。然后太阳出来了，突然就响起一阵欢歌。

知更鸟、画眉、乌鸫、苍头燕雀以及鹪鹩愉快地鸣唱，其他小鸟也很快加入。当全体大合唱时，很难辨别出它们各自的声音，不过画眉的歌声总是最响亮、最清澈的。

之后鸟儿们就会渐渐飞走，去觅食了。在一天中接下来的时间里，你还能时不时地听到一两只小鸟在鸣叫。如果悄悄地靠近它们，就会看到当小鸟运用内部小小的声带唱歌时，它的喉咙会膨胀和颤抖。

当然，你很难记录下它们的歌曲，因为这些歌曲听上去更像口哨声，没有任何歌词。但是人们还是常常试着用语言模仿它们的歌声。来听听画眉的演唱吧。你可以设想它接连唱了三遍“切瑞—吹，切瑞—吹，切瑞—吹”。在唱出一些别的音符后，它又唱到“哈瑞，哈瑞”和“够—特，够—特”，画眉总是能发出很多音调。

漂亮的金翼啄木鸟头部色泽光亮，它唱的歌儿是“要一点面包，不要起—士—”。棕柳莺（译者注：英语为 chiff - chaff）很显然在吟唱自己的名字：“祈福—晒福，祈福—晒福”。每个孩子都能模仿布谷鸟的“布谷”叫声和林鸽的“咕咕”叫声。

随着天气越来越热，鸟儿的歌声也渐渐弱下去了。它们有的静静坐在树枝上，有的在树荫下的篱笆上歇脚，还有的在林中蹦蹦跳跳。

夜晚慢慢降临，小鸟们又开始四处寻觅晚餐了。吃饱喝足后，它们会心满意足地唱一首小夜曲，然后就去睡了。

这是一场多么奇妙的音乐会啊！雀科鸣鸟如燕雀、金翅雀等，和大山雀、麻雀、鹪鹩、知更鸟与苍头燕雀同时欢唱。在它们从田野飞回家时，最为响亮的是画眉和乌鸫的歌声，林鸽的咕咕声和白嘴鸦的呱呱声。

因为在清晨领唱的也是画眉，所以除了云雀，它们在夜晚是最后离去的，而且通常在其他小鸟都安静下来之后，画眉还会继续唱很长时间。

最终，你可能以为一切都会在夜幕中恢复平静。但你错了！如果住在肯特或者英格兰东部或南部的任何地方，在五六月份的时候，你会听到悦耳的声音，像长笛的鸣奏，从树林的四面八方轻柔地飘出。这是夜莺在歌唱。在炎热的夏天，它几乎会唱整整一晚。

当然，夜莺们白天也会歌唱，但它们的声音太过温柔，当其他小鸟开始大合唱时，通常就听不到夜莺的歌声了。在宁静的夜晚，你会听到夜莺们甜美的歌声先是升高了六个音符，然后像是在水中吹奏的长笛发出气泡声。只要你曾听到过夜莺的歌声，就将永生难忘。在约克郡和德文郡，你就没有这个耳福了，因为夜莺不会飞那么远去北部和西部。

小鸟大部分在春天唱歌，因为那是它们筑巢的季节。鸟妈妈建造温馨小窝的时候，或是辛苦孵蛋的时候，鸟爸爸都会为它唱歌。要想知道知更鸟的窝藏在哪里，只需找到立在枝梢为爱侣深情吟唱的雄知更鸟就可以了。很多人也见过林鸽鼓起喉咙，对着鸟巢里的母林鸽一边咕咕歌唱，一边鞠躬致敬。鸽子几乎一年到头都会交配。

在鸟妈妈孵蛋的时候，鸟爸爸因为欢乐而歌唱。当鸟宝宝孵出后，鸟爸爸就会教它们唱歌。会唱歌的小鸟，喉咙构造十分精妙，里面的肌肉可以像小提琴的弦一样振动，所以幼鸟需要学习如何运用这些肌肉。

听小乌鸫或者小画眉开始学发声是很有意思的事情。它先是唱出一个音符，然后两个、三个……这些音符有时并不和谐，但小家伙会不断努力，一次又一次地尝试，渐渐就学会了鸟爸爸的曲子。

课后作业：听小鸟的歌声，如知更鸟、画眉、乌鸫、云雀、夜莺和红腹灰雀，然后试着用口哨模仿它们的曲调。

第三课　鸟巢

你如果想知道鸟巢的构造有多么精妙，就应该收集一些已经被小鸟遗弃的巢，或者那些幼鸟已经飞走的巢。

在很多山楂树丛中能找到篱雀的窝。虽然只是简简单单的一个巢，但若是将它扯开，就会发现很难复原成小鸟当初筑造的样子了。

苍头燕雀把自己的巢编织得十分精美。你通常可以去果园的苹果树上寻找它的巢。巢主要是由干草和苔藓混合组成的，上面沾满了锯末，整个形状像个深口杯。鸟巢的里面铺着一层绒毛和羽毛，外面通常粘着一块块灰白色的或者白色的地衣。地衣是一种生长在苹果树上的薄纸状植物，孩子们通常把它称为“灰色苔藓”。这些交织在一起的地衣有利于将鸟巢隐藏在苹果树里。苍头燕雀在绿色树篱中筑巢时，常常会选用绿色地衣。

现在就试着找找画眉的巢吧。它也许在月桂树丛里，也许在冷杉树中。它的巢既大又牢固，不像篱雀的巢那样柔软。画眉会在巢的内侧涂上泥，或是牛粪，或是朽烂的木头，直到它几乎和椰壳内部一样坚硬为止。

当观察这些鸟巢的时候，你会想亲眼看看一个鸟巢的筑造过程。这可不是件容易的事情。因为小鸟会努力把鸟宝宝的这个摇篮藏得好好的，并且不喜欢在有人靠近时筑巢。

相对而言，白嘴鸦筑巢比较容易观察，因为它们会把筑巢的地方选在高高的大树上，因此不会那么容易受惊。你也许可以看到它们嘴里衔着一根根小树枝飞回来，还可以看到它们把泥和黏土运回来，然后混在一起涂在巢里。有时你还可以见到年老的白嘴鸦悄悄藏在群聚地，待到年轻的白嘴鸦飞离鸟巢去觅食后，就去偷里面的小树枝，不愿自己动身去找。

鸟巢的样式也是多种多样的。云雀喜欢去田间，专找沟槽或者犁沟里长出的小草编织小窝。“皮—维特，皮—维特”，凤头麦鸡也叫田凫（fú）的叫声你应该十分熟悉了，它们会在沼泽或者坑洼不平的地里堆起一小片青草或者灯芯草，这样它们的宝宝一出壳就能四处乱跑了。

雨燕会用泥和稻草筑巢，地点通常选择谷仓的房梁上或者烟囱台下，形状像个浅水盆，里面铺衬了一层羽毛。毛脚燕通常在屋檐下用黏土筑造一个小鸟巢，像袋子一样紧紧粘在墙上，仅仅在顶部开出一个小洞。当毛脚燕把脑袋伸进巢里给鸟宝宝喂食时，它的尾巴会伸出来，看上去十分有趣。

啄木鸟会在树上啄出一个洞作为自己的巢，里面铺着木屑。五子雀会设法在树上找个洞，并且在里面铺上一片片小树皮和干树叶。之后，如果洞口太大了，它就用黏土把它封上，只留出一个小小的洞口。

白嘴鸦和鸽子的巢就粗糙多了。白嘴鸦的巢是用树枝和草皮筑成的，里面铺着草和苔藓。鸽子离开时，蛋放得很随意，看上去就像快要从巢里漏出去一样。

接下来咱们再来说说那些会唱歌的小鸟，比如鸣鸟、画眉、夜莺和知更鸟，它们筑的通常是可爱的杯状巢。芦苇莺会用大约两到三根长在水边的芦苇或者其他植物编织自己的小巢。这个鸟巢的主要材料是青草叶，里面铺衬一层水草。长尾山雀——鷦鷯和棕柳莺的鸟巢都是球形的，其中一面有个口。棕柳莺还会在巢里铺上一层很漂亮的柔软羽毛。鷦鷯总是选在各种奇怪的地方筑巢，比如墙壁上、树枝上、岩洞里、树篱顶端以及河堤之上。如果你在它们已经下蛋的鸟巢附近四处查看，通常会发现一两个一模一样的鸟巢，只是里面没有铺上羽毛。这些鸟巢被称为“雄鸟巢”。我们也不清楚为什么鷦鷯要筑造它们。如果你一直留心观察，也许有一天就会找到答案了。棕柳莺常常把自己的鸟巢藏在树篱中或者河堤上，而长尾山雀喜欢在金雀花丛里筑巢。

有一次我们看到两只鷦鷯在杜松树里筑巢。它们早上七点就开工了。雌鷦鷯从一棵酸橙树上带回一些树叶，它先将一片叶子放在树杈上，然后把其他叶子围绕在这片叶子四周，之后再去衔回更多的叶子。它就这样飞来飞去忙活一整天，把叶子带回来，和苔藓混在一起。从始至终雄鷦鷯都立在枝梢为它歌唱。

到了晚上七点，雌鷦鷯开始处理鸟巢的外部，把它修整成球状，其中一面开一个口。

第二天这两只鹪鹩从凌晨三点半开始一起筑巢。它们就这样一直辛勤工作了八天，不断带回苔藓和羽毛。最后，一切妥当。这个鸟巢是一个牢固的小球，里面铺着一层厚厚的柔软羽毛，将来小鹪鹩出生了，就睡在这里面。

后来，雌鹪鹩产下了五枚蛋，蛋上还有一些红色斑点。它会在蛋上坐整整两个星期。在它孵化期间，雄鹪鹩会给它唱歌，还会捉回昆虫给它吃。

课后作业：检查鸟巢。观察：泥筑的鸟巢——雨燕、毛脚燕；编织粗糙的鸟巢——白嘴鸦；杯状鸟巢——篱雀、苍头燕雀；编织型鸟巢，里面涂有泥巴——画眉。

第四课　鸟蛋

如果你已经看过一些鸟巢，就会对鸟蛋的样子产生好奇。不妨先试着在家附近找一找。有些鸟巢筑在非常隐蔽的地方，要想找到它们，你要先仔细观察成年鸟是从哪里飞走，又是从哪里飞回来的。另外有一些鸟比如白嘴鸦、喜鹊和松鸡，它们的巢很容易被发现，但要想够到却没那么轻松。

千万别把鸟蛋拿走。经过孵化，每枚鸟蛋里都会钻出一只快乐的鸟宝宝。如果你把这些鸟蛋带回了家，最终它们都会破掉。你的老师很可能会从每种鸟蛋里挑选一枚，在之后的很多年里都可以展示给学生看，这样做是行得通的。

好好看看鸟巢里的鸟蛋吧，下次你在另一个地方看到它们时，就能认得出了。数数一共有多少枚鸟蛋，还要留意后来是否又下了新的蛋。然后估算一下，在最后一枚鸟蛋出来后，大概需要多久小鸟才能出壳。你会发现，对体形比较小的鸟来说，孵化的时间大概要两个星期，而白嘴鸦和鸽子则需要再多加一两天。之后你可以观察它们喂养幼鸟的过程，这也是我们在下面两课中要讨论的内容。

最好连碰都不要碰小鸟的蛋，因为有些小鸟比如林鸽，很介意蛋被摸过，会因此丢弃自己的巢。而另一些小鸟就没那么挑剔。基顿先生告诉我们，当他还是个孩子的时候，常常去找千鸟的巢，还会淘气地把鸟蛋较大的一端塞到鸟巢的中间。能干的鸟妈妈一回来就会把鸟蛋再转个方向，让尖端位于巢中间。因为鸟宝宝一般都是顶开较大端的蛋壳来到这个世界的，所以这种放置方式能让它们在破壳而出时有足够大的地方。

图 4－1　画眉和它的巢

如果花园里有月桂树篱，你也许可以在那儿找到画眉的巢（见图4－1），巢里躺着四到六枚迷人的蓝色鸟蛋，每枚大约有一英寸（约2.54厘米）长，而且在较大的那端还点缀着黑色斑点。当然，鸟妈妈会大声斥责，并且可能会一直守着鸟巢，因此你只能等到它离开的时候，抓紧时机去看看那些鸟蛋。只要看到画眉的巢，你就能判断出乌鸫的巢在不远处，巢里铺衬着细细的根茎和芳草，因此内部并不坚硬。乌鸫的蛋看上去更绿一些，上面带有红棕色的斑点。槲鸫通常在树上筑巢，它的蛋呈现出浅黄色，上面还点缀着红褐色和淡紫色的斑点。

苍头燕雀会在房子附近或者果园里的苹果树上安家；红腹灰雀虽然性格上有些羞涩，但喜欢把窝筑在旧花园的常春藤上。苍头燕雀的鸟蛋呈现出淡淡的棕绿色，还带有棕色斑点（见图4－2）。这些蛋差不多是画眉蛋的三分之一大小。红腹灰雀的蛋是淡蓝色的，带有棕色或紫色斑点。当你观察红腹灰雀的巢时，一定要轻手轻脚，特别小心，因为虽然鸟妈妈不会受到干扰，依旧安安静静地坐着孵蛋，但鸟爸爸会变得十分生气。因此一旦被鸟爸爸发现，它会说服鸟妈妈丢弃这个巢。

图4-2 苍头燕雀夫妇和它们的巢

你如果想观察毛脚燕的巢，就需要搬一架梯子，因为它们的巢都垒在高高的屋檐下。当你把它们的鸟巢轻轻扒开一点，向里张望时，可要留心别认错了蛋，因为麻雀常常占了毛脚燕的巢，把自己的蛋下在里面。你只要看看飞进鸟巢的是哪种小鸟，就能判断鸟蛋的主人是谁了。若是没看到也没关系，通过观察蛋的颜色也可以判断出来。毛脚燕的蛋是白色的，上面十分干净，没有任何斑点；麻雀的蛋是灰色的，上面有褐色斑块。麻雀自己筑巢时，会选用稻草或者干草，里面还铺上羽毛。它们的窝里一般有五到六枚蛋。

观察雨燕的窝比偷看毛脚燕的窝更容易些，因为雨燕的窝顶端没有被遮盖住，而且通常建在谷仓的房梁处。它们的窝里一般会有五枚白色的蛋，上面分布着深红色的斑块。仔细观察这些鸟巢，你会发现在鸟宝宝孵出来之后，小家伙们跟着爸爸妈妈学抓有翅昆虫的情景十分温馨可爱，值得一看（见图4－3）。

图4－3　毛脚燕（下），雨燕在给鸟宝宝喂食（上）

尽管我估摸着你对知更鸟的蛋已经十分熟悉了，但我们还是要好好介绍一下。知更鸟的蛋是白色的，上面有淡红色的斑点。想找到它们的蛋很容易，因为到了春天，几乎所有小河边和灌木篱笆中都有它们的窝。

如果想寻找大山雀的巢，不妨试试各个奇怪的地方，比如树洞啦，被丢弃的花盆啦。它们的巢里会有一些小小的白色鸟蛋，上面布满了红色斑点。如果你靠近，鸟妈妈会嘶嘶地叫着，并且试图用嘴啄你，不让你把鸟蛋拿走。但几天之后，它就完全不害怕了，因为它是一只勇敢的小鸟。

你要学会靠自己寻找其他鸟蛋。在谷仓里，你也许会看到猫头鹰生下的巨大白色鸟蛋，有时甚至既能看到鸟蛋，也能看到年幼的小鸟。在小河边，或者墙洞里，你会发现一些鸟巢，里面的鸟蛋带有灰白色斑点，那是水鹡的家。秃鼻乌鸦的蛋是蓝绿色的，有时会从它们的窝里滚落下来。寒鸦喜欢把窝垒在你家的烟囱里。

你如果已经费了一番工夫寻找鸟巢和鸟蛋，了解了它们的色彩和特征，就会发现聪明的小鸟把自己的家和宝宝藏得多么巧妙。

无论你在哪里发现白色的鸟蛋，无论它们是属于猫头鹰、毛脚燕、啄木鸟、翠鸟还是鸽子，都会发现它们被藏得很好——或是藏在河边，或是藏在树干里，或是筑得很深，或是垒在高高的地方，让你够也够不着。其他小鸟的蛋大都是带有斑点的，有的是绿色，有的是灰色，有的是棕色，颜色会接近鸟巢里的苔藓、树叶和小树枝的颜色。

课后作业：找一个鸟巢，看看有多少鸟蛋能孵出小鸟。从每个巢里挑出一枚鸟蛋，仔细观察，看看谁能认出最多的鸟宝宝。

第五课　鸟宝宝

鸟妈妈坐在窝里，让鸟蛋一直保持温暖，鸟宝宝就在蛋里慢慢生长。除了偶尔做做伸展运动或者觅食，鸟妈妈寸步不离自己的蛋。鸟爸爸有时会在它离开时守在窝里，有时直接把食物带给它，有时只是单纯地为它唱歌。

鸟宝宝要做的第一件事情是从鸟蛋里挣脱出来。当它们做好准备时，你会听到它们在蛋里大声喊着“吱吱，吱吱”，接着它们就用长在嘴末端的角质尖端轻轻叩击鸟蛋较大的一头，直到把蛋壳敲破，它们就能出来了。

如果你在小鸟刚出壳时抓一只观察一下，就能看到这种角质尖端。但是动作一定要快，因为小鸟宝宝是很好动的，一出生就会四处乱跑，因此它们的角质尖端很快就会脱落。

接下来嗷嗷待哺的鸟宝宝们就会张开嘴，等着妈妈喂食。一些小鸡、小鸭子和小鹧鸪刚出生就长满了毛茸茸的小羽毛，因此能够跑来跑去自己找东西吃。妈妈会在一旁照看着，当它呼唤它们的时候，这些小家伙们就会依偎到妈妈的翅膀下面。

还有一些小鸟，比如鸽子、麻雀和画眉，刚出生时身上光溜溜的，小眼睛也没睁开，十分无助。因此它们无法离开鸟巢，只能等爸爸妈妈来喂。

你如果把白鸽养在笼子里，或者爬到有鸽子筑巢的地方，就能在观察小鸽子的过程中受益匪浅。

鸽子宝宝刚出壳那天，眼睛是紧紧闭着的。光溜溜的小身子上仅仅覆盖着几缕细毛，因此你能清晰地看到它那肉乎乎的小翅膀，能触摸到它的骨头。观察时动作要轻柔。鸽子宝宝的翅膀有三处关节（见图5-1），和人类的胳膊关节是一样的。一个关节在靠近身体的肩部，一个在肘部，还有一个在腕部。

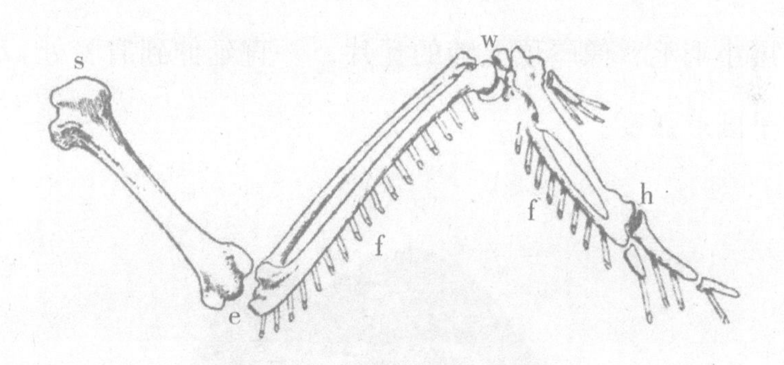

图5-1　小鸽子翅膀的骨骼图

s. 代表肩膀；e. 代表肘部；w. 代表腕部；h. 代表手部；f. 代表翎羽

当它躺在窝里的时候，会弯起肘部，让腕部贴在肩部，把翅膀收起来。但如果你动作轻柔地拎起它的腕部，把它的臂膀拉直，它的翅膀就展开了。这正是小鸟展翅飞翔时的动作。

现在每天都来观察一下鸽子宝宝吧。你会发现，它的身上会渐渐长出很多小疙瘩，然后小疙瘩的中间会凹进去，里面就冒出了羽毛。第一批长出的羽毛十分柔软。小小的羽毛围着羽干生长，像猫尾巴上的毛一样，这些都是绒毛。这种绒毛在小鸽子身上并不多见。后面再长出的羽毛就大不相同了。小羽毛只在羽干的一边长出。这些新羽毛都是带着颜色的，由此已经可以判断出小鸽子未来是白色的还是彩色的。正是这层覆盖的羽毛让大多数小鸟变得漂亮起来，它们不会长满全身。如果你把一只小鸟身上的这些羽毛向后拨开，就会看到它们只是从某些地方长出来，然后覆盖住身体其他部分。

在此期间，小鸽子长长的尾巴和翅膀也开始长起羽毛来。覆盖着翅尖部分的羽毛是从手部长出来的，翅膀边缘的羽毛是从位于腕部和肘部之间的臂膀处长出来的（见图 5－2）。在这些羽毛之上还盖着一层小羽毛，像屋顶上铺的瓦片，一直延伸到肩膀处，使翅膀看上去呈圆形弧度。

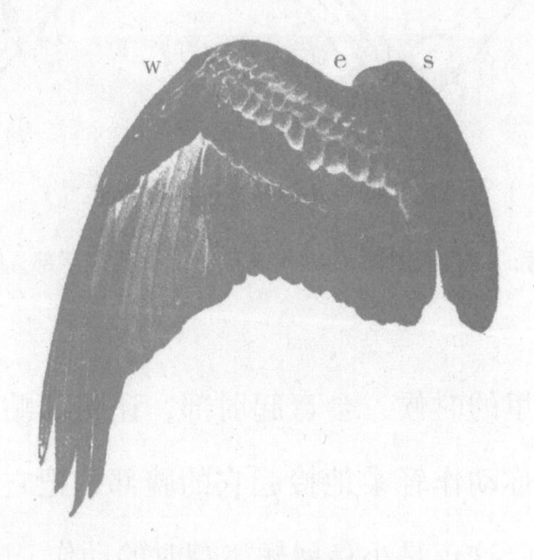

图 5－2　羽翼

s. 代表肩膀；e. 代表肘部；w. 代表腕部

用手感受一下小鸽子翅膀上那长长的羽毛。在每片羽毛的正中间有一根硬硬的翎，朝着尖端逐渐变细，这样羽毛可以弯折。现在试着把那些小羽毛拔开，你会发现它们紧紧地连在一起，好像被黏合住一样。这是因为每根小小的羽毛上都长满了细小的尖钩，它们被彼此钩挂在一起。如此一来，当小鸟在空中拍打翅膀时，风就无法穿透这些小羽毛。当每根羽毛较小的一边搭在旁边那根羽毛较大的一边上时，挡风的能力就更强了。

一般到了这个时候，幼鸽已经能睁开眼睛了。虽然它们已经可以摇摇晃晃地站起来，但还是很虚弱，只能从妈妈那里获取食物。

在距冲破蛋壳大约一个月时，鸽子宝宝们已经可以走到鸽子笼的边缘观察其他的鸽子了，期间还不时伸展一下小翅膀，轻微地拍打几下。当翅膀向下扇动时，位于前翅下方的空气无法从那里离开，就被推到了后方。这和我们划船时，水被桨推着移动的原理是一样的。但是当它们再次抬起翅膀时，羽毛会向后弯曲，这时气流就能通过了。因此只要扇动翅膀，它们就能向上升高一点，摇摇晃晃地飞到旁边的台子上。就这样，它们最终可以落到地面，和它们的父母一起觅食。

课后作业：比较小鸽子和小鸡。观察它们的绒毛，覆盖的羽毛，以及长长的翎羽。

第六课　小鸟哺育幼鸟

观察鸟巢非常有趣：有些幼鸟还是光溜溜的，有些已经长了些绒毛，有些已经睁开了眼睛，有些还看不见东西。

生长在河边的水鸡刚出壳的时候，像是黑乎乎的小绒球，只有头是红色的，而且立刻就能跟着妈妈游走了。翠鸟却不同，它们刚刚出生时身上一根羽毛都没有，十分弱小，只能等羽毛长出来，才能离开鸟巢。在此之前都是鸟妈妈在给它们喂小鱼吃。

如果你在谷仓里见到待在窝里的小猫头鹰，或者把不慎从树上跌落的小鹰送回家，就会看到这些小家伙虽然身上盖着细绒毛，但眼睛还紧紧闭着，非常无助。鸟妈妈要给它们带回像小昆虫啊，小老鼠啊，还有小兔子等食物，直到它们完全长大。

住在海边的读者肯定对鸥很熟悉。它们冲向大海，随着波浪的起伏勇敢飞翔。在春天和初夏时节，你也许会听到小鸥的叫声，它们又被称为海鸥或是三趾鸥。它们的叫声像是趴在悬崖峭壁上的小猫的叫声，那是它们在呼喊爸爸妈妈来喂食（见图6－1）。

图 6－1　海鸥和它们的宝宝

尽管这些小海鸥能够看得见外面，身上也覆盖着一层绒毛，但是它们出生在高高的悬崖上，因此哪里也去不了，在变得强壮之前，只能待在窝里。即使是长大了一些，它们也只能沿着岩壁爬行，直到翅膀完全发育成熟才能飞行。小海鸥们坐在窝里，把嘴巴张得大大的，大声喊叫着要吃东西，而年长的海鸥会带回小鱼喂给它们。普通的海鸥和银鸥通常会把蛋产在小岛上，因此小家伙们刚几天大的时候就能够游来游去了。

你若是住在远离大海的农村，就可以欣赏到那些在树上或者树篱安家的小鸟哺育自己宝宝的情景（见图6-2）。有时鸟妈妈会包办所有照料小鸟的工作，有时鸟爸爸也会为鸟妈妈分担一些。

图6-2　猫头鹰在喂自己的小宝宝

基顿先生对小鸟十分了解，告诉我们他曾经还帮着喂过小鸟。有一天他看到一只棕柳莺妈妈飞回它在荆棘丛里的家，给五只小宝宝喂食。小家伙们还很小，但非常漂亮。它们的背和翅膀是一种没有光泽的橄榄绿，胸部则是透着淡黄的白色。鸟妈妈每隔五分钟就会带回四五条毛毛虫或小昆虫，然后匆匆把它们放进小鸟那张得大大的嘴里。在鸟妈妈辛勤喂食的时候，鸟爸爸从一个枝头飞到另一个枝头，嘴里还唱着“祈福—晒福，祈福—晒福”。

基顿先生想，也许他可以给鸟妈妈帮点忙。他收集了一些绿色的毛毛虫，在鸟妈妈飞走之后悄悄放在窝边，然后在稍远一点儿的地方半跪着等。

鸟妈妈飞来飞去忙着给小鸟们喂食，在从他身边飞过时还看了看他，但他依然一动不动。最后鸟妈妈衔起他带去的毛毛虫，给每张张开的小嘴里都放了几条。接着它又飞走了，去找更多的食物。

娇小的鸟妈妈会忙上一整天，仅仅在下午休息半个小时。它不仅要找食物，还会在每次出门的空隙清理一下鸟巢，把小粪球捡出来，让一切看上去都干净整洁。我想鸟妈妈一定很高兴看到它的朋友时常在窝边留下一堆小昆虫。

山雀的胆子很大，你时常可以看到它们嘴里衔着昆虫，在一些墙洞或者树桩的洞里飞进飞出。鸟爸爸和鸟妈妈都会给小鸟喂食。它们一起出去觅食，再带着很多毛毛虫满载而归。在喂饱小鸟后，它们会互相呼唤着再次出发。

我们曾经有过几只小知更鸟，它们出生在我们花园的树篱里。有三只鸟在给它们喂食，我们把第三只鸟称作鸟叔叔，它在抚养小鸟方面和鸟爸爸鸟妈妈一样卖力。不久之后，这些年长的知更鸟就飞走了，但那几只小知更鸟留下了，整个夏天都和我们待在一起，还常常在我们的餐桌周围跳来跳去，捡些面包屑吃。

乌鸫给它们的宝宝喂的是大虫子，不过它会先把虫子撕碎，然后一点一点地放到每只小鸟的嘴里。出去觅食的林鸽好像常常空手而归，但其实它是用嗉（sù）囊把粮食带回来，然后送进小家伙的嘴里。母林鸽从它的嗉囊把食物吐到嘴里，然后小林鸽把自己的小嘴伸进母林鸽嘴的一侧，把食物吸进自己嘴里。

大部分做父母的小鸟在鸟宝宝会飞之后，还会再喂它们一段时间。你常常可以看到小家雀或者小画眉在树枝上立成一排，鸟妈妈把食物快速地放进它们的小嘴里。它先从一边开始，然后会很公平地给每个鸟宝宝都喂到，一个都不会漏掉。

课后作业：在春天观察小鸟喂食，比如画眉、麻雀、知更鸟和山雀。分别观察：①在鸟窝里喂食的小鸟；②在枝头上喂食的小鸟；③给小布谷鸟喂食的小鸟；④从母林鸽嘴里接食物吃的小林鸽。

第七课　小鸟在哪里睡觉

到了晚上，小鸟都到哪儿去了呢？白天的时候，我们能看到它们在田地里蹦跳，在树上和树篱上欢唱，或者在崖壁上飞翔。它们还会在花园里、果园里和树林里觅食。但是当太阳落山、夜幕降临时，我们会听到它们的鸣叫，像是在互道“晚安”，接着就全都不见了。只有夜间活动的鸟还在日落后出没。天黑后可以听到猫头鹰的叫声，在炎热的夏天，夜莺会整晚歌唱。如果你的住所附近有长脚秧鸡，就会听到它们惹人厌烦的叫声——“可瑞克，可瑞克”，在你想睡觉的时候还在叫，会持续很长时间。

但是想看到其他的小鸟就很难了。它们都躲到哪里去了呢？想找到可不容易，因为小鸟们害怕猫头鹰、黄鼠狼还有白鼬，所以总是藏在很隐蔽的地方，并且只要你离它们稍近一些，它们就会惊醒，立刻拍打着翅膀飞走了。

体形较小的鸟主要睡在树篱中。你会很惊奇地发现，即使在冬天树叶都脱落了的时候，想找到它们也不是那么容易的，因为小树枝和树杈交错在一起，把它们掩藏得很好。猫头鹰和老鹰很难从山楂树篱里抓到小鸟。

当它们熟睡的时候是怎样的呢？如果我们尝试站着睡觉，一定会跌倒。因为肌肉会变得松弛，头会晃动，膝盖会失去感觉。小鸟就不同了。它立在树枝上，爪子抓得很紧，接着弯下腿，蹲在枝头。在下蹲的过程中，膝关节附近的肌肉会把脚趾部位的肌肉拉得很紧，这样爪子就能一直紧紧地扣在枝杈上。只有当它抬起脚趾把腿伸直、把爪子松开时才能移动。因此睡得越香甜，小鸟的爪子在树枝上抓得就越紧，掉下树的可能性就越小。

冬天小鸟都在户外睡觉。它们用来保暖的遮盖物很奇怪，是利用空气制成的。当要就寝的时候，小鸟会把脑袋弯进肩膀处的翅膀下面，吹起羽毛，让空气钻进里面，聚集在贴身那层柔软的绒毛中。这些空气很快就变得暖和起来，并且无法流动出去，这能够有效防止小鸟柔弱的身体受到寒风的侵袭。

不过在天气恶劣的时候，小鸟通常喜欢找个温暖的角落去睡觉。家雀、山雀、鹪鹩还有其他体形娇小的鸟有时会在干草堆里扒个洞作为自己的窝。猫头鹰一般会把取暖的地方选在谷仓里、教堂的塔楼上或者树干的洞里。到了冬天，蓝山雀喜欢钻在茅草屋檐下，而鹪鹩常常找一个旧鸟巢，然后挤在一起互相取暖。

雨燕和褐雨燕却不想一直暖和地待在窝里，因为它们要在天冷的时候飞去南方。夏天的时候它们栖息在谷仓的房梁上。如果你在天黑后走进一间谷仓，也许会听到这些受惊的燕子拍打着翅膀的声音，它们从一根房梁飞到另一根上面。

林鸽在树林里的乔木上歇息，老鹰在更高一点儿的树上安家。

山鸡也是在林子里选一棵树做窝，而且有趣的是，它们总是会告诉你它们睡觉的地方，因为当它们打算躺下入睡时，总是叫着“克洛克，克洛克”。

鹧鸪却是睡在田地里的。它们围成一圈躺下，脑袋向着外面，尾巴对在一起。鹧鸪爸爸通常睡在远一点儿的地方，像哨兵一样守卫着家人。如果有狐狸或者黄鼠狼想在它们睡觉时伺机偷袭，只要有一只鹧鸪惊醒、发现敌情，就能给其他鹧鸪发出警报。

所有这些生活在内陆的鸟都是睡在树林里或田野中的。但是如果你在某个夏日的傍晚走到海边，躺在万丈悬崖下的海滩上，就可以看到另一些种类的小鸟飞回家睡觉。太阳刚刚落山，很多小鸟就从田野里飞回来，栖息在岩石顶端的灌木丛里。接着飞回来的是寒鸦，它们碰巧也住在海边，在峭壁上互相追逐喊叫一阵之后，就慢慢爬进洞里睡觉去了。之后又有一些体形较大的鸬鹚很有气势地从海上飞回来，海鸥紧随其后。它们会在崖壁中间的岩块上落脚休息。一些呱呱叫的寒鸦从陆地飞回来，四处翻滚一阵，才能安静下来开始睡觉。崖沙燕住在砂岩的洞里，一钻进去就看不到了。隼（sǔn）可能会在空中盘旋着飞回来，突然俯冲下来，躲进一些安静的角落。

过了一段时间，它们咯咯呱呱的叫声就平息下来了，月亮慢慢升起，四周一片静谧。但是如果你向银白色的海面望去，仍然能看到很多海鸥在飞翔，随波起伏，也许一整晚都会如此。

课后作业：在晚上观察那些要栖息的小鸟，留意它们特别的住所。

第八课　夏日觅食

春天和夏天是小鸟们最幸福的时光，因为它们可以找到足够的食物，不仅自己能吃饱，还能满足鸟宝宝的需要。等夏天来了，咱们一起在一个晴朗的早晨出去走走，观察不同的鸟儿吃食。当然，你很难在一天就看完所有的小鸟，但是整个夏天中，你应该会不时地遇到不同的小鸟，直至看到所有的种类。

在家附近，你肯定可以看到家雀在院子里捡残渣剩饭吃，或者在果菜园里的醋栗灌木丛中吃毛毛虫和红蜘蛛。家雀一点儿都不挑食，无论是麦粒还是小肉块，几乎什么都吃。

在果园、菜园里，你还会看到苍头燕雀用它们锋利的小嘴撕开种子的外皮。不管是乱蓬蓬的杂草丛，还是我们种下的萝卜或大头菜，对它们来说并没有分别，都是食物。但是它们对人类的帮助还是大于危害的，因为它们能够消灭非常多的野草，如千里光和繁缕。

在野外，娇小的云雀在空中歌唱，不时飞落到犁沟里寻找种子。在干草场院子里，我可以看到一些小型雀科鸣鸟——比如绿黄色科鸣鸟和金翼啄木鸟——在捡谷粒吃。

这些鸟通常都是以粮食为生的。它们长着短小而锋利的嘴巴，可以剥去种子的外壳。当然，它们有时也吃昆虫，并且捉回一些喂给鸟宝宝吃。一年中有那么几个星期，我们不得不把鸟儿们从我们的小麦和燕麦地里驱赶走，但是它们在减少杂草数量方面功劳很大，因为它们几乎把所有能找到的草种都吃掉。

雨燕、褐雨燕和毛脚燕的嘴巴很独特。如果当它们从空中掠过时仔细观察，你就会发现它们在捕食小昆虫时，可以把嘴张得非常大。但是它们那坚硬的嘴巴本身是非常小的。它们的腿很柔弱，但翅膀很结实，因为基本都是在飞行中猎取食物。在天气阴沉的时候，留意一下它们离地面有多近。因为这种天气下，昆虫会飞得很低，因此雨燕会低飞紧紧跟着它们。但是在阳光明媚时，蚊、蠓这些小昆虫就会飞得高一些，雨燕也就跟着上升了飞行高度。

和雨燕大相径庭的是，体形大一些的画眉喜欢在草地上跳来跳去。画眉的腿和脚都很强壮，长长的鸟嘴又扁又圆。夏天的时候，它会捉蜗牛和蠕虫吃，秋天的时候就开始吃浆果。瞧，它这会儿在草地上站得稳稳当当，正奋力将一只蠕虫从土里拉出来。很快它就会得手，然后衔着战利品飞回家喂鸟宝宝了。

很多小型的栖木类鸟仅仅以昆虫为食。我敢说你一定会喜欢上它们，因为它们都是十分漂亮的小东西。先看到的是一只鹡鸰（jí líng），长着黑白相间的翅膀，在草地里捕食昆虫时，长长的尾巴忽上忽下，十分有趣。离它不远处，有一只小鹟鹟在玫瑰树上蹦跳，把树上那些作恶多端的绿头苍蝇都消灭掉了。

一只胸部有灰色斑点的棕色小鸟立在附近的灌木丛中。只有在五月底，它才从温暖的国家飞回英国。它是很常见的“鹟”(wēng)。你看它站得多么直。突然之间它就会冲向天空，嘴巴张得大大的，又猛地合上，然后飞回原处。就在这转瞬之间，它已经抓到了一只昆虫，接着就会安静地站立着，等待着另一只昆虫自投罗网。

接下来我想带你看一种我很喜欢的小鸟，因为它色泽鲜亮，而且充满欢乐。它就是蓝（冠）山雀。它的头和翅膀都是亮蓝色的，胸部是黄色的。喜欢倒挂在树枝上，等候蜘蛛出现。一旦抓到一只蜘蛛，它就会展开翅膀飞到另一棵树上，迅速吃完这顿丰盛的大餐。蓝山雀的胆子很大。冬天的时候如果你愿意喂它一些食物，就会对它更为了解。

这些小鸟——画眉、鹡鸰、京燕、鹪鹩还有蓝山雀——都是人类的好朋友。它们会吃掉蜗牛、鼻涕虫、毛毛虫、蛆虫以及它们的幼虫。夜莺和乌鸫也是这样。我还想向你介绍一种同样对人类有益的小鸟——篱雀。它全身主要呈棕色，胸部呈蓝灰色。篱雀喜欢沿着小路展翅飞翔，所以我想你一定已经和它见过面了。当你沿着小路散步的时候，会看到它先叼起一只小小的昆虫，然后轻快地飞开一段距离，又捡起另一只小昆虫，接着再次拍打着翅膀飞起来，刚好落在你的面前。你永远不会把它和家雀弄混，因为篱雀属于完全不同的种类，是一种鸣鸟，歌声非常甜美。有时人们把它称为“篱莺”，确实这个名字更加贴切，更加名副其实。

我们没有太多时间去观察其他种类的小鸟了，但是我们一定要去看看在耕过的田地里捕食蠕虫和鼻涕虫的白嘴鸦。当走进树林里时，我们还看到一只鹧鸪在树下吃蚂蚁。在我们还离它很远的时候，它就呼地飞走了，还大声“咯咯”地叫着，所以我猜测鸟妈妈和鸟巢就在不远处。

当你走进树林的时候，可能会看到小旋木雀迅速地往树上爬，寻找小昆虫；啄木鸟边在树干上轻轻敲击，边伸出它那有黏性的舌头；林鸽的嗉囊里装着满满的燕麦或豌豆往家里飞，急着赶回去喂鸟宝宝。

在河边漫步时，你也许会看到小小的翠鸟猛地扎进水里叼起小鱼；或者会看到苍鹭安静地立在那里，脖子伸得长长的，突然头猛地向前一伸，嘴里叼着一条大鳗鱼。

你自己还会观察到很多这类情形，秘诀就是仔细观察每只你见到的小鸟，并且试着了解它。

课后作业：注意观察：吃种子的苍头燕雀长着坚硬的鸟嘴；吃肉的老鹰有着钩状的鸟嘴；在飞行时捕捉昆虫的雨燕会把嘴张得很大；在地下觅食的丘鹬长着细长的鸟嘴。

第九课　秋天迁徙

当夏天结束的时候，小鸟的食物渐渐出现短缺，于是其中一些小鸟开始迁徙。布谷鸟通常会在七月底飞走，而褐雨燕则选在八月份。到了九月中旬，当雨燕发现苍蝇、蚊子和飞蛾变少时，也会开始准备它们漫长的旅程。

如果你仔细观察，可能会发现大约在九月十五日前后，雨燕和毛脚燕会在一些教堂塔楼或仓库的屋顶上做窝，然后再一起飞回到树上栖息。而夏天它们绝不会这样做。它们会睡在谷仓的横梁上，或者是屋檐底下——它们总喜欢把窝安在建筑物附近。但在飞去过冬之前，它们会先在树上集会。

然后在某个早上，雨燕们就集体“失踪”了。它们先是排着整齐的队伍，浩浩荡荡地飞行数百里，向温暖的非洲前进（见图 9 - 1）。在那里，它们整个冬天都会有虫子吃。直到第二年四月，你才会重新见到它们。小巧的鹟（苍蝇捕手）还有夜莺，会和雨燕在同一时间出发，飞到温暖的地方去。而棕柳莺会在十月出发。一些鹡鸰和知更鸟也会在这个时候迁徙，但通常不会集体行动。

图 9－1　飞翔的雨燕

到了秋天，食物变少了，于是大批小鸟开始在英格兰上空徘徊，四处觅食。许多画眉和红翼鸫会从挪威和德国飞到我们这儿，知更鸟和其他小鸟则从英格兰的北部飞到南部。它们离开坎伯兰郡和约克郡寒冷的荒野和大山，飞到汉普郡和德文郡寻找食物。在那儿，它们可以找到更多的浆果，比如蔷薇果、山楂果、冬青树浆果、松树浆果、黑刺李的果实和花楸树的红色浆果。所以，如果住在英格兰南部，在冬天你将见到许多知更鸟、画眉、苍头燕雀和金翼啄木鸟，比在夏天看到的还多。

观看种类不同的小鸟是一件有趣的事：看看它们什么时候飞

走，又会在什么时候回来；猜猜这次会看到一大群，还是几只。你会发现，小鸟们会在冬天成群结队地行动；而当夏天来临，它们在筑了鸟巢、建立家庭之后，常单独行动或成双成对地飞行。

到了十一月，你将看到许多云雀聚集在一起。有时，雄苍头燕雀和雌苍头燕雀会分开飞翔，各成一队。雀科鸣鸟也喜欢成群结队地飞翔，比如金翼啄木鸟、绿黄色科鸣鸟和金翅雀。它们一起寻找种子，一起睡在大地上或者是常青藤灌木丛中。灰色红腹灰雀有着蓝黑色翅膀和红色的胸脯，它们喜欢结伴成行，一个接着一个跟在领队后面，飞成“一”字形。

这些成群的小鸟在田野里飞来飞去，有时聚在一起，有时分散开来，忙着寻找它们的食物。

当许多夏季的小鸟飞向阳光明媚的南方时，其他一些小鸟会从更冷的国家飞到我们这儿。你可以见到来自挪威和瑞典的田鸫，它们四五十只一群，在空中盘旋，然后落到田野里，安家落户，开始找虫子和种子。这群漂亮的灰色小鸟有着红褐色的翅膀和点缀着浅黄色斑点的胸脯。但它们非常害羞，所以你很难接近它们。如果听到了什么声响，它们会立即越过篱笆飞到另一片田野里去，并开始在那里觅食。田鸫睡在土地上，到了春天，就会飞回挪威，搭建新的鸟巢。

到了冬天，许多八哥从挪威和德国飞到我们这儿来，并和当地的小鸟住在一起。它们常常和白嘴鸦一同飞翔，但有时候也会自己结伴飞到庄稼地里一边啄食，一边叽叽喳喳地聊天。

所以，当鸣鸟不再一展歌喉的时候，你就可以开始寻找其他小鸟以及它们觅食和睡觉的地方，看看最先见到它们飞来过冬是在什么时候，目送最后一只小鸟飞走又是在什么时候。不过，当天气暖和的时候，画眉和知更鸟将唱上一整天。

课后作业：列出你在冬天看不到而在夏天可以看到的小鸟，春天飞走的候鸟，以及你一整年都可以看到的小鸟。

第十课　小鸟冬天的食物

圣诞节之后，真正的寒冬开始了，可怜的小鸟们常常要经历这一段艰难的日子。只要稍微暖和一些，画眉就会把鼻涕虫和蜗牛从它们在墙里或篱笆上的藏身之处抓出来。知更鸟和鷚鹩开始忙碌地寻找种子和虫子。娇小的鹡鸰摇着它们的尾巴在草地上跑来跑去，寻找着迷路的幼虫或甲虫。而在森林里，旋木雀开始在树皮后寻找蜘蛛和昆虫的卵，五子雀和鸽子则依靠山毛榉来过活。

但很快，霜冻就会降临，大地被厚厚的雪花覆盖，小鸟们看起来很凄惨。云雀和朱顶雀蜷缩在成排的玉米田里取暖。画眉鸟没有东西吃，不得不在树丛间穿梭，寻找槲（hú）寄生浆果充饥。苍头燕雀和金翼啄木鸟在农夫的干草垛旁打转，仔细地寻找着零碎的小麦和燕麦粒或草的种子。成群的田鸫在天空中忧郁地徘徊。白嘴鸦、椋（liáng）鸟和寒鸦在田野间飞来飞去，大喊大叫，试着寻找一处没被雪覆盖的地方，这样它们就可以在犁沟里寻找食物。你可能见过一种鸟，它们脑袋后面的羽毛是竖起来的，这种鸟叫田凫。它们一边发出“皮—维特，皮—维特”的哀鸣，一边朝海滨飞去。

在那儿，它们可以在沙堆上和退潮后的泥滩中找到食物。

不幸的是，许多小鸟会在冬天饿死。它们并不害怕寒冷，因为它们可以用羽毛保暖。但在严冬里，它们常常会因缺乏食物而饿死。如果你在严冬之后捡到了一只死去的知更鸟、椋鸟或白嘴鸦，你会发现它们已经瘦成皮包骨，身上一点儿肉都没有了。

所以，从现在开始你应该好好对待小鸟们，因为它们为你唱了整个夏天的歌儿，还做了许多好事，消灭了很多害虫，比如毛毛虫、幼虫、线虫、蛆虫、鼻涕虫和蜗牛，还吃掉草种让野草不再疯长。冬天，你可以给它们喂一段时间的食物，直到霜冻和大雪过去。

通过这样的方式，你可以认识各种各样的小鸟，而你要做的只是留下一些残羹剩饭给它们吃。要知道，有些小鸟喜欢吃种子、面包屑和绿色食物，而另一些喜欢在夏天吃昆虫的小鸟，会比较爱吃软骨或肥肉。所以可以把早餐、午餐和晚餐中的残羹剩饭都留下来，比如面包皮、餐桌上的残渣、冻土豆或土豆皮，然后存放至第二天早上。你可以请妈妈把土豆连皮煮一下，小鸟很喜欢这种做法，还可以收集一些卷心菜叶、苹果薄皮和肥肉。

如果将这些残羹剩饭切碎，把面包皮用热水泡一泡，就可以让饥饿的小鸟们饱食一顿。如果住在农场，你可以从马厩中打扫出一些谷粒，以免它们和马粪一起被丢掉。然后，清扫家门前的雪，撒上食物，再回到屋子里去观察。很快就会有小鸟飞过来，几天之后，你还没撒食物，它们就已飞到家门前，等待着它们的大餐。

不要忘记在树枝上挂一小块肥肉，这样你就可以看见山雀倒挂在枝头，弯着脑袋不断啄食。如果挂上一块带着一点儿肉的骨头，椋鸟和寒鸦也会飞过来。

不要忘了小鸟还要喝水。你可以用一个罐子给它们盛水，记得更换，因为水会结冰。但如果你能省下一些钱去买一个椰子，就可以一举两得了。将椰子从中间切开，并把其中一半的白色果肉全部挖掉。然后，在椰子的边缘打两个孔，再用一条绳子做成一个手柄。之后，给它注满水并挂在树上。这样，小鸟就可以站在椰壳的边缘上喝水。来喝水的小鸟会使罐子来回摇摆，这样水就不会结冰。最后，用同样的方法处理另外一半椰子，不过要保留里面的白色果肉。小山雀会来啄食这些甜甜的果肉，直到把果肉全部吃完。

许多小鸟如知更鸟、苍头燕雀、麻雀、鹪鹩、椋鸟、白嘴鸦、寒鸦和画眉鸟都会飞过来。你将会发现胸前缀满白色斑点的槲鸫和身材娇小而且爱唱歌的画眉有很大的不同。如果在窗前放一些坚果，住在附近的五子雀也会飞过来把它们叼走。

这样做可以让你比任何时候都能更近距离地观察小鸟。而到了来年夏天，当小鸟们开始在树上唱歌时，它们已经是你熟悉的老朋友了。

课后作业：列出冬天你在家门口喂过的小鸟。

第十一课 其他种类的小鸟

也许你们自己会发现许多其他种类的小鸟，但我将为你们介绍的这些小鸟十分有趣。首先是小小的金翅雀，它是我们人类的好朋友，因为它们会把蓟和蒲公英的种子吃掉。金翅雀喜欢用细根、羊毛和马毛搭建可爱的小鸟巢，并用柔软的款冬花来装饰它。这种花在春天开放，有着黄色大花朵和柔软如羽毛的球茎。金翅雀有着漂亮的红色前额和一副好嗓子，它的翅膀黑黄相间，末端带些白色。你很容易就能把它和红腹灰雀区分开来，因为金翅雀的腹部是浅褐色的，而红腹灰雀的腹部是深红色的，翅膀是灰黑色的。

然后是雄朱顶雀，它有着深红色的胸脯、棕色的翅膀，头上还带着红色斑点。朱顶雀的羽毛会随着季节的变化而变色。在冬天，雌雄朱顶雀的胸部都是灰色和棕色的条纹。

所有的小鸟一年至少换一次羽毛。当鸟爸爸在搭建鸟巢时，它们的羽毛会比以往更艳丽。同时，你也会发现鸟妈妈的羽毛通常都没有鸟爸爸的鲜艳。这很可能是因为它们需要经常待在鸟巢里，太惹眼的颜色容易暴露目标，因此不适合。

在冬天，朱顶雀会聚成一大群，一起出来觅食。你可以在傍晚看见它们飞到金雀花或其他灌木丛上栖息。可惜的是，人们喜欢捕捉金翅雀和朱顶雀，并关在笼子里出售，因为它们的歌声很动人。这就是为什么过去英格兰有大量金翅雀和朱顶雀，而现在数量大幅减少的原因。

我希望你可以留意一下小巧的五子雀，它有着黑色短喙、蓝灰色的翅膀和鸟背，以及浅黄色的胸脯，其中夹杂着红色羽毛。当秋天坚果成熟的时候，你可以在果园和花园里见到它。你可以看到它飞落到一棵坚果树上，脑袋倒挂在下面。它会把坚果塞进树干的裂缝中，并用嘴把坚果啄开。在冬天，除了坚果和山毛榉外，如果你扔给它一小片熏肉，它也会欢乐地啄食。

一定要听听黑头莺的歌声。你很容易就可以听到它的歌声，但很难见到它。这种暗灰色的小鸟有着黑色的脑袋和浅灰色的胸脯，以及可以和夜莺媲美的歌喉。它们在四月飞回英格兰，如果仔细听，可以听到它们在练歌。黑头莺们喜欢躲在茂密的灌木丛中，然后开始用低沉的声音一遍又一遍地轻唱，直到满意为止。几天后，练好了嗓子，于是一整个夏天，它们都会一边在灌木丛中飞来飞去，一边唱着纯净且甜美的歌。它以昆虫和浆果为食，在可爱的鸟巢里抚养四到五只鸟宝宝。这个鸟巢由干草、蜘蛛网搭建而成，里面铺着马毛。黑头莺在十月会离开，直到来年春天再飞回来。但人们喜欢捕捉它们，所以现在你很难再像从前那样经常看到它们了。

还有一种娇小的灰莺，又被称为“白喉蜂雀”，常常在树篱下悄悄地跑来跑去。它翅膀的末端和胸部都是棕灰色的。和篱雀一样，它跳得不高，飞得不远，总是叽叽喳喳的，但有时会飞得很高，并大声鸣唱。它也是在十月离开，次年五月回来。

还有两种你容易见到的小鸟。一种是野鹟，住在村、镇的公共草地里，喜欢站在荆豆丛的顶端。这种棕黑色的小鸟有着白色的斑纹和锈红色的胸脯。它发着“切、切、切”的鸣叫，喜欢躲在窝里或荆豆丛中，因此很难被人发现。

另一种便是小北斗星，又被称为“河鸟”。在水流湍急的溪流，会见到它们在河床的石头间跳跃。河鸟以昆虫或者水蜗牛为食。这种比画眉还小的黑色小鸟，有着短短的尾巴和雪白的胸脯。它把头浸到水里的姿态和摆动尾巴的样子十分滑稽。

由于篇幅的局限，我就不再介绍喜鹊和松鸡了。不过如果周围有这两种小鸟，可以去了解它们。

课后作业：在你家附近寻找本课介绍过的小鸟和其他小鸟，并试着找到它们的鸟巢和鸟蛋。

第十二课　猛禽

猛禽（食肉鸟）是指以小动物，如兔子、老鼠、青蛙、蛇和其他小鸟为食的鸟类。英国的食肉鸟主要有雕、猎鹰、老鹰和猫头鹰。

如果住在苏格兰山区或英格兰北部，你可能会见过雕（见图12－1）。但你最熟悉的食肉鸟应该是老鹰和猫头鹰。

我可以肯定，在田野时，你一定见过一种鸟在空中盘旋，它的翅膀又长又尖，尾巴像扇子，这便是茶隼或普通的老鹰，乡下人把它称为“风旋”。它的翅膀扇动的频率很快，以至于你很难看到它们的翅膀在活动，以为它们一直保持着同一个姿势。它明亮的眼睛急切地在地面搜寻。时而上冲下俯，前行一小段距离；时而在空中盘旋，停滞不前，然后突然俯冲到地上。它早已瞄准了草地上的老鼠，一下就用利爪把老鼠抓起来了。

农夫们常常射杀茶隼，因为它们会在找不到食物的时候叼走农民的鹧鸪和小鸡，但它们在消灭田鼠、鼹鼠和其他害虫等方面对人类贡献很大。

图 12－1　雕

如果你不能驯服雕或找到死去的老鹰，你可以看看图 12－1 来认识这种食肉鸟。仔细看看雕或老鹰长长的脚趾和锋利的爪子。当捕捉猎物时，这些锋利的爪子会刺透猎物的皮肤。它们钩状的喙十分坚硬，而且边缘很锋利，可以像剪刀一样剪切。鹰喙的上半部分是尖的，并覆盖住下半部分。若是落入了残忍的鹰喙下，只需几下猛啄，瘦小的老鼠或大一些的动物就会很快毙命，然后被整个吞下或撕成碎片。过了一会儿，老鹰会把吃剩的皮毛和骨头揉成球状扔掉。食肉鸟的爪子布满鳞片，这使它在捕猎时不会被尖锐的物体弄伤。

茶隼的翅膀十分强壮和尖长，因此飞得很快，并可以随意飞翔。它的大小和林鸽差不多，背部和翅膀是明亮的砖红色，而尾巴是灰色的，尖端呈白色，中间有一条黑纹。翅膀上长着长长的黑色羽毛，而胸脯是浅黄色的。

另外一种常见的老鹰是雀鹰，翅膀暗灰色，胸脯红棕色，并带着橘色的斑点。它很少在空中盘旋，但会在篱笆附近飞来飞去，寻找小鸟和老鼠。雀鹰由于常常咬死猎物，所以更容易被农夫射杀。但它在消灭老鼠、害虫，以及减少偷吃玉米的小鸟数量方面也发挥着积极的作用。雌雀鹰比雄雀鹰个头要大得多。

和老鹰一样，猫头鹰有着钩状的喙和长长的利爪。但它们的喙没有隼和鹰坚硬，而爪子比老鹰更适合攀爬。和大多数小鸟一样，猫头鹰用四个脚趾站立，三个在前一个在后，但它们可以像啄木鸟那样，收回一个前脚趾，使两个在前两个在后。

猫头鹰和老鹰的眼睛也大有不同。老鹰的眼睛长在头的两侧，而猫头鹰的眼睛和我们人类的一样，在脸部前方。所以，当它在夜晚捕猎时，可以辨认出周围的一切。它可以像猫那样通过放大瞳孔把所有光线汇集到自己眼中。猫头鹰的羽毛软而柔和，所以飞行的时候几乎没有声响。同时，它有一对隐蔽的大耳朵，上面覆盖着耳羽簇，这使得它可以听到很微小的声音。一些猫头鹰和猫一样，耳朵尖竖立着一簇毛。

图 12－2　仓鸮和雀鹰

你常听到的“吐—呼，吐—呼”的叫声，是褐鹰鸮（xiāo）或灰林鸮发出的。它通常在清晨和深夜捕食。白天它藏在树洞和教堂的塔楼里。在阳光下，它会不停地眨眼，以致看不清东西。而在黑暗中或月光下，它可以悄无声息地飞过篱笆，捕捉老鼠、鼹鼠和小鸟，将小的猎物整个吞下，并把剩下的毛皮揉成小球抛掉。

仓鸮是一种比褐鹰鸮更小的猫头鹰。它的喙和翅膀是浅黄色的，胸脯和脸是白色的。它会发出“啼—喂，啼—喂”的尖锐鸣叫声，因此常被称为“鸣角鸮”。白天，它躲在仓库里或树中，到了晚上才出来捕食。仓鸮主要的捕食对象是老鼠。当它在白天出没时，苍头雀鹰和其他小鸟常常挑衅它，因为它们知道仓鸮在白天就像个瞎子。

课后作业：比较隼、老鹰和猫头鹰。注意对比它们的蜡膜，即它们鸟嘴顶部裸露的皮肤，这是食肉鸟特有的。猫头鹰鸟喙上的蜡膜会有一部分被绒毛遮盖。试着画一画雕喙，如图 12 –1。

第十三课 白嘴鸦和它们的同伴

某天，我听到德文郡的一位农民对他的儿子说：“你去把咱们地里的白嘴鸦赶走。它们会把所有的种子吃掉的。”他说得很对。如果地里的小麦种子埋得不够深，白嘴鸦就会啄食它们。

但还有一次，当玉米还没成熟时，另一位农民指着他地里的白嘴鸦说：“看它们是怎么把燕麦的嫩芽拔出来的。”白嘴鸦确实正在啄食植物，但当我们仔细观察被白嘴鸦啄食过的植物后，我们会发现被它们啄食过的植物根部都曾生过虫。

这次白嘴鸦做了有益的事情。金针虫和其他一些幼虫喜欢吃庄稼里玉米和萝卜的根，而白嘴鸦除掉了一些幼虫，保住了庄稼的收成。

在很久以前，德文郡的一些农民认为白嘴鸦对农田有害，重金请人捕杀它们，所有的白嘴鸦瞬间被杀光。但很快农民们就后悔了。在之后的三年里，他们的庄稼被害虫和蛆毁坏。他们不得不吸引一些新的白嘴鸦在附近筑巢，以减少害虫数量。

白嘴鸦的确会给庄稼带来一些伤害，比如：会吃鸟蛋；在播种的季节会吃刚长出来的马铃薯和核桃；当食物短缺的时候，有时甚至会啄食田里的谷物。但它们带来的好处远远大于坏处，因为它们会消灭大量的金针虫、幼虫、蜗牛、蛞蝓、蛆虫和其他害虫。

大家都知道，金龟子在夜晚呼呼地叫着，有时会突然撞到你的脸上。但你很可能不知道，金龟子在长出翅膀前，已经在地下住了三四年，以草和玉米的根为生。白嘴鸦总是能找到这些金龟子的幼虫并把它们吃掉，拯救我们的庄稼。

我希望周围生活着白嘴鸦，因为它们非常可爱。当它们在高高的树杈上搭建起巨大的鸟巢时，总是会发出巨大的噪声，显得非常热闹。在雌白嘴鸦产蛋之前，雄白嘴鸦开始为它的伴侣寻找食物，而雌白嘴鸦总是蹲在窝里，等着雄白嘴鸦来喂。

在鸟宝宝出生后，它们的父母要花很长一段时间来喂养它们。你如果仔细观察，可能会看到鸟宝宝站在鸟巢的边缘，张大嘴巴等着爸爸妈妈把食物放进去。白嘴鸦喜欢把鸟巢建在老房子旁边，年复一年地使用同一个鸟巢。它们不允许陌生的白嘴鸦飞入它们的鸟巢。

如果白嘴鸦的鸟巢所在的那棵树冬天落叶，它们会在宝宝能飞之后离开。在八月或九月的时候，它们会飞到海滩和松木林里过冬，直到春天再飞回原来的鸟窝。但它们会常常飞回它们的老窝进行查看和照料。

和白嘴鸦不同，乌鸦不喜欢群居。它们成双成对地居住在一起，把鸟巢建在远离房屋的高树上。乌鸦比白嘴鸦的危害更大，因为它们会捕食其他鸟类、乳鸽、小鸭子和小鸡。

即使离得很远，你也可以将乌鸦和白嘴鸦区分开来，因为乌鸦总是两两做伴。当你走近时，更可以看出乌鸦和白嘴鸦的不同，因为在一岁之后，白嘴鸦鸟喙上方的部位会出现一块光秃秃的地方，而乌鸦则不会。

你可曾发现白嘴鸦总是很整齐地穿过田野？它们不像画眉和麻雀那样喜欢到处蹦蹦跳跳，而是喜欢一步一步地移动，偶尔轻轻地跳跃一下。总会有一两只白嘴鸦站在附近的树上站岗。当这些哨兵发出“扣—扣”的警报时，所有的白嘴鸦会马上飞走。它们会慢慢地拍着翅膀，一只接着一只飞到另一片田里去。

一位附近住着白嘴鸦的朋友告诉我，每天早晨，透过她家的窗户常可以看到一两只站岗的白嘴鸦到处走动，叫醒同伴。一些懒惰的白嘴鸦总是在最后才急匆匆地飞出来，赶上大部队一起出发。这些都十分有趣。

虽然白嘴鸦不允许其他白嘴鸦群体加入它们的队伍，但允许椋鸟、寒鸦还有田鸫和它们一起觅食。寒鸦行动的节奏和白嘴鸦的相似，不过更加活泼。寒鸦个头比白嘴鸦更小，头上有一块灰色的斑点。椋鸟是步禽，不会飞。虽然头和背部都是黑色的，但羽毛的末端有许多明亮的颜色，这使得它看起来很明亮和鲜艳，而不像白嘴鸦和寒鸦那么暗沉。

我想知道为什么这些小鸟喜欢跟随着白嘴鸦。也许是因为白嘴鸦有着敏锐的嗅觉，可以用它长长的鸟喙将泥土扒开，而椋鸟和寒鸦只能啄食地面上的食物，所以当白嘴鸦扒开泥土时，它们可以得到更多食物。

课后作业：试着观察白嘴鸦、乌鸦、寒鸦、椋鸟、喜鹊和松鸡，并找出它们之间的区别。

第十四课　有蹼足的小鸟

除了生活在陆地上的小鸟，还有一大部分小鸟主要生活在水中。它们有的被称为“蹚水者”，而拥有蹼足的则被称为“游泳者”。我们一起来认识一下会游泳的小鸟吧。

如果你住在海边，就可以看到在海上翱翔的海鸥，它们也常飞到遥远的河边去。海鸥会飞到远在伦敦的泰晤士河边，在公园的池塘中觅食。在冬天，看着海鸥们一圈一圈地盘旋，接住人们丢给它们的食物是一件有趣的事情。

你也许会见到黑色的大鸬鹚，伸着长长的脖子，拍着它们狭长的翅膀在海面上笨拙地飞翔。它们会突然停在海面上，一头扎进水里，仅一会儿工夫就带着刚刚捕到的鱼钻出水面，然后再花一些时间把这些鱼吃掉。

但如果住在有着大湖或河流的乡村，你很可能见过一种被称为小䴙䴘（pì tī）的奇异水鸟。这种褐色的小鸟有着细细的脖子和小小的脑袋，常在岸边的芦苇丛中游荡，或静静地在水中滑翔，偶尔会一下子蹿入水中去捕捉钉螺、小鱼或打捞水草。如果你想近距离观察小鸊鷉，必须悄悄地靠近，因为它们一旦听到些许动静，会立刻蹿入水中，消失不见。

如果没有见过任何一种有蹼足的小鸟，甚至连野鸭也没见过，你可以到农场里去看看家鸭。虽然我们很早就开始驯养鸭子，但是家鸭和野鸭仍然十分相似。让我们一起来认识一下鸭子。

首先请仔细观察家鸭们在院子里蹒跚而行的样子。家鸭的三个前脚趾由一层皮连在一起（见图 14－1）。这层皮我们称为“蹼”。请仔细观察，当它们抬起掌时，这层蹼会像扇子一样折叠起来；当它们把掌放下时，这层蹼又会伸展开来。当它走到池塘边，滑入水中开始划水时，掌会像我们走路一样，一前一后地划着水。在清澈的水中，你可以很清晰地看到，当家鸭向前伸掌时，它的蹼足会收缩，这和它走路时的动作一样。但是向后划水时，家鸭的蹼足会展开，像桨一样帮助它把水往后划，这使得它可以在水中自由游动。

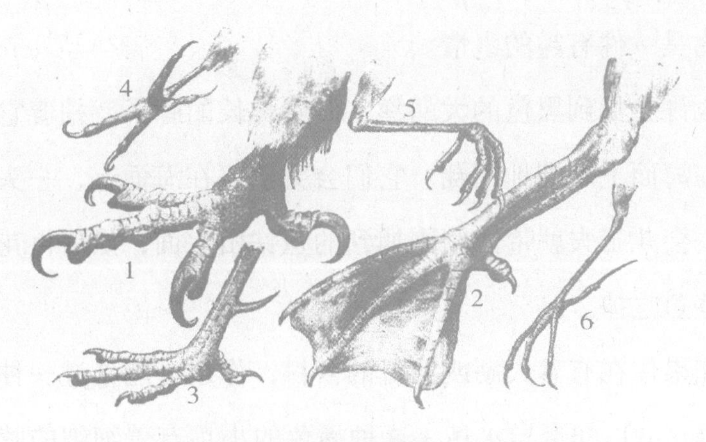

图 14－1　爪子

1. 老鹰（猛禽类）；2. 鸭（蹼足类）；3. 雉鸡（扒拔类）；

4. 啄木鸟（攀爬类）；5. 槲鸫（暂歇时）；6. 云雀（暂歇时）

家鸭的腿在水中可以向后伸得很长，所以它可以自由地变换方向。当它把脑袋和身子插入水中寻找水蜗牛和蝌蚪时，会把尾巴露出水面来划水。

接下来让我们看看家鸭那轻盈的身体。它可以静静地浮在水面上，其中有一部分原因是它皮肤上覆盖着一层轻盈的羽毛，另一部分原因是翅膀下有一层厚厚的绒毛，可以留住大量空气，而这也使它变得更轻盈。

你知道为什么家鸭能浮在水上而羽毛不被打湿吗？原因非常奇妙，那就是家鸭的表层羽毛上涂着一层油脂，而这些油脂是从尾部的一个腺体分泌出来的。请仔细观察家鸭出水后的动作：它会用嘴从尾巴周围截取油脂，然后再抹到羽毛上。当它们这样涂抹了油脂之后，羽毛就可以防水，使它们浮在水中而身体不湿。

下面，让我们来观察它是如何觅食的。当家鸭们钻入淤泥中时，会发出咯咯的叫声，然后抬起头吞下捕捉到的东西。家鸭的嘴又宽又平，末端呈钩状，末端前边覆盖着一层布满神经的软皮。有了这层软皮，家鸭可以感觉到藏在淤泥中的东西，就好像它们能看见一样。鸭喙的末端和边缘非常尖锐，里外都长有一排薄薄的触角，当它把嘴巴闭起来时，这些触角会彼此交叉形成一个过滤器(见图 14－2)。当家鸭捕捉到食物时，它会用尖锐的嘴巴咬断野草或者咬死蜗牛，然后用天然的过滤器把淤泥和食物分开，只将食物留在嘴中，同时用厚厚的舌头把水排出。家鹅、天鹅及所有的野鸭都有着和家鸭一样的掌和喙。

图 14-2　鸭头

a. 鸭子的头；b. 鸭喙露出过滤器的边缘

你也许会在湖中或河里遇到野鸭。野公鸭是一种非常漂亮的小鸟。它的头和脖子是油亮的黑绿色，脖子上还有一圈白色的羽毛。背部则是褐色和绿色相间，尾巴中间四根卷起的黑色羽毛泛着明亮的光泽。每年六月，野公鸭会换毛，这时那些美丽的羽毛会变成和野母鸭一样的淡褐色和淡灰色。八月之后，它又开始换毛。到了十月，野公鸭会长出和原来一样漂亮的羽毛。

和鸭子不同的是，鸬鹚和海鸥的喙使它们不能在淤泥中觅食。它们的喙锐利而坚硬，适合捕鱼，且鸬鹚和海鸥的翅膀很长，适合飞翔。与其相反的是，小鸊鷉的翅膀非常短，因此它们大多数时间都是浮在水上的。小鸊鷉的喙非常长，末端没有弯钩。而且掌非常大，但蹼足没有鸭子那么宽。

当然，有蹼足的小鸟还有很多，看看你能找到多少。

课后作业：找一只鸭子，观察它的蹼足、鸭喙的末端、羽毛最浓密的地方，以及带着油脂的防水羽毛。画出这只鸭子的掌。

第十五课　小鸟的敌人

每天早晨醒来的时候，我的花园中总会传来奇怪的“特—特—特”声。有时候许多小鸟都会发出这一种叫声。我知道如果出去看看，总会在某个角落看到一只猫。当小猫卧在草坪上时，我会看到燕子突然从树上俯冲下来，去啄猫的背，然后在猫转头之前迅速地飞回树上。

小鸟们清楚地知道猫是它们的敌人，因此当猫出现时，特别是还有小猫仔时，小鸟们会一起辱骂猫。

你们是否想过，当你们舒舒服服地躺在床上时，外面的小鸟正在遭遇危险？猫头鹰正在篱笆周围徘徊，寻找着鸟巢里的鸟妈妈和鸟宝宝；猫可能会爬到树上，用它锋利的爪子去拨鸟窝；黄鼠狼和鼬鼠正在寻找着在地上或树上睡觉的小鸟；蛇则喜欢用鸟蛋做早餐，就像我们喜欢在早上吃鸡蛋一样。

对在地上的小鸟而言，狐狸是最大的敌人。晚上，鹧鸪、野鸡、松鸡以及在农家庭院里的家禽和鸭子必须小心提防狐狸。而白天，老鹰威胁着所有小鸟的安全。当老鹰出现时，云雀妈妈蜷缩在自己的窝里，希望草能把自己遮掩住。云雀爸爸则飞上飞下，试图逃避敌人。其他小鸟常常飞到灌木丛中藏身，鹧鸪会钻进草丛里，鸽子则躲进森林中。

这么多动物都是小鸟的天敌，它们必须捕杀小鸟作为食物，而我们人类也会捕杀小鸟作为食物。但人类不应该毁坏小鸟的窝，把鸟蛋拿来展览，也不应该把它们捉到笼子里，或用它们的羽毛做装饰品。

以前经常有鸟蛋被毁，小鸟被捕杀，三十年前我们常见到的许多小鸟现在已经基本看不见了。所以，人们制定了法律来保护鸣鸟、食肉鸟和海鸟，当然还有鹧鸪和野鸡。

现在，在每年的三月十五日至八月一日期间，所有的英格兰人都不被允许捕杀小鸟和掏鸟蛋，这可以让小鸟更好地繁衍下一代。在禁猎期内，人们不能打扰在保护名单内的小鸟，即使这些小鸟在他们的花园里也不行。

值得高兴的是，云雀也在这个保护名单内。

在英格兰的一些地方，任何时候人们都不被允许掏野生鸟类的蛋。一些地方，如诺福克的浅水湖，德文郡的思莱珀顿·礼海岸，已成为许多小鸟繁衍的胜地。

你可能不知道这些地方，但有一个很好的保护小鸟的法则，那就是不要掏鸟蛋，不要捕杀小鸟——照这样你一定不会做错事。

观察花园中、田野里和森林中的小鸟。在你家附近找找是否有小鸟搭建的鸟巢，并确保它们不被打扰。这样，你每天早晨醒来便会听到它们的歌声；你会很快地了解它们，知道它们的欢喜与忧愁；最后，观察它们做了什么好事，比如是否消灭了蛞蝓、蜗牛、金针虫和幼虫。

如果它们正在啄食你的种子、幼苗或刚发芽的玉米，你就得把它们赶走。但你可以在冬天给它们喂食，并和它们成为好朋友。你可以从它们身上学到很多很多。

译后记

大自然是孩子最好的老师，可如今都市里的孩子们却绝少有接触自然的机会。两三岁的孩子就能认出街上大多数汽车的品牌甚至型号，但未必知道花坛里各种花儿的名字，至于野外的各种动植物就更不要提了。回想当初，我们这一代人小的时候，城市化进程尚未开始，城市中勉强还有一些能被称为“野外”的地方——不是公园，不是绿地，而是完完全全的荒地，那里野草自顾自地疯长到一米来高，不知名的野花尽情绽放，各种昆虫生机勃勃。上学的路上，如果看见迎着朝阳展露笑颜的牵牛花，心情就会莫名地高兴。路口那棵大树倾斜得厉害，几乎走着就可以上去，坐在树上看夕阳，是小时候的我们最快乐的时候。在野地里将高高的草丛顶端束在一起，再将底下的地面清理一下，仿佛造成了一个草帐篷，这就是孩子们的秘密小屋。

只可惜当时没有“奇趣大自然”这样图文并茂、生动有趣的丛书来告诉我们这些动植物的秘密。

本丛书虽是面对儿童的科普读物，但是翻译起来并不轻松，涉及科学的部分都必须要用最严谨的态度来对待。对于动植物的特点和习性，凡是不能确定的地方，我们都会查证专业的参考书籍。一些平日里知道的鸟类、昆虫或者植物的俗称，都会准确地翻译出学名。书中还有不少“一词多义”的现象，这个词本身可能很常见，但在具体的动植物学语境中，就有了不同的含义。正因为是儿童读物，不能忽视读者群体的特征，所以译文很注意让语言简单易懂，并在尊重原意的基础上，适当增加童趣性，尽量以说故事的方式来让孩子们学到知识。

从这套丛书中，孩子们不仅能学到丰富的科学知识——比如动植物的学名、各种植物的特点和生长规律以及各种动物的特征和生活习性，还能感受到浓厚的人文情怀。生命的出现也许只是一个偶然，但是在自然界中，没有哪一种生物是随随便便就能生存下去的。动物和植物也有前世今生、生老病死，它们也会团结协作、共生共存。春天的花儿不单单是为了让人类赏心悦目，更要以鲜艳的颜色和甜美的花蜜吸引昆虫前来替它们传递花粉，到了秋天才能结出果实。而这果实之所以如此鲜艳欲滴、甜美多汁，也并非全然为了人类而生，却是要引得鸟儿来将它吃下，再将种子传播到更远的地方。繁衍生息的每一环都是如此精妙，丝毫没有浪费多余之处，这就是神奇的大自然，而人类也是其中的一员。

如此优秀的一套丛书能够问世，要感谢上帝的眷顾，感谢翻译过程中黄荟云、李雨锦同学和张芳林老师的积极参与，感谢家人的无私支持，以及暨南大学出版社的鼎力相助。

最后，谨将本书献给译者陈曦新生的宝宝，以及译者夏星正在孕育的宝宝。

夏星于包河畔
陈曦于暨南大学